VOYAGE

A LA

NOUVELLE-CALÉDONIE

A LA MÊME LIBRAIRIE

COLLECTION DE VOLUMES IN-8° ILLUSTRÉS

LA FIN DE L'ESCLAVAGE AUX ÉTATS-UNIS (*Derniers Jours d'une guerre civile*), par A. GENEVAY.

LA CHUTE D'UNE DYNASTIE (*Le Dernier Stuart*), suivi de : LES VÊPRES SICILIENNES, par LE MÊME.

LES DEUX FRÈRES DE WITT, suivi de : LE GANT DE CONRADIN, par LE MÊME.

SUR LES RIVES DE L'AMAZONE (*Voyage d'une femme*), par C. WALLUT.

L'OASIS, par LE MÊME.

LE PAYS DES KHROUMIRS, par ANTICHAN.

LES ORFÈVRES FRANÇAIS, suivi de : UN ANTIQUAIRE, par CH. DESLYS.

CAUSERIES FAMILIÈRES SUR LA NATURE ET LES SCIENCES, par E. MULLER.

CAUSERIES SUR LES GRANDES DÉCOUVERTES MODERNES, par LE MÊME.

LA VIE ET LA MORT DE JEANNE D'ARC, par JACQUES PORCHAT.

CHRONIQUES D'AUTREFOIS ET D'AUJOURD'HUI (*Un Soulèvement populaire au moyen âge. — Page et Perroquet*), par ÉTIENNE MARCEL.

LES MYSTÈRES DE JUMIÈGES, par RAOUL DE NAVERY.

VOYAGE A LA NOUVELLE-CALÉDONIE, par ARTHUR MANGIN.

LA PLUIE ET LE BEAU TEMPS, LE CHAUD ET LE FROID, par LE MÊME.

NOUVELLES ANGLAISES (*Une Aventure de Samuel Johnson, Le Lord-Maire, La Maison où l'on ne dort pas*), par GEORGE GRAND.

LES COMPOSITEURS ILLUSTRES DE NOTRE SIÈCLE, par OSCAR COMETTANT.

COLLECTION DE VOLUMES IN-12 ILLUSTRÉS

LA LÉGENDE DU VIEUX PARIS, par C. WALLUT.

RÉCITS HISTORIQUES : *La famille royale de Prusse, Wallenstein, Andreas Hofer*, par A. GENEVAY.

NOS ALIMENTS (*Histoire et Anecdotes*), par A. DUBARRY.

PROMENADES GÉOGRAPHIQUES, par LÉVI-ALVARÈS.

Châteauroux. — Typ. et Stéréotyp. A. Majesté

VOYAGE

A LA

NOUVELLE-CALÉDONIE

suivi de

LES BÊTES CRIMINELLES

AU MOYEN AGE

PAR

ARTHUR MANGIN

DEUXIÈME ÉDITION

PARIS

LIBRAIRIE CH. DELAGRAVE

15, RUE SOUFFLOT, 15

—

1885

VOYAGE

A LA

NOUVELLE-CALÉDONIE

INTRODUCTION

— Vous ne seriez pas allé par hasard à la Nouvelle-Calédonie?

Cette question me fut posée un jour à brûle-pourpoint par M. W..., alors rédacteur en chef d'un journal littéraire et scientifique dont j'étais un des collaborateurs assidus.

— A la Nouvelle-Calédonie? moi! m'écriai-je. Mais, cher maître, vous oubliez à qui vous parlez. Il faut la croix et la bannière pour me décider à perdre de vue pendant quinze jours seulement l'arc de triomphe de l'Étoile et le bois de Boulogne. Vous savez bien que je n'ai jamais accompli dans ma vie, déjà longue, que deux voyages dignes de ce nom : l'un *autour de ma chambre*, l'autre autour de l'Exposition universelle de 1867 ; et tous les deux pour le service du journal.

— Vous avez fait aussi, en 1863, un tour à l'île de France, et même vous vous étiez engagé alors à nous donner une série d'études sur les colonies françaises.

— Croyez-vous? dis-je en baissant la tête. C'est possible. Mais pourquoi voulez-vous que j'aie fait depuis un voyage à la Nouvelle-Calédonie plutôt qu'à la Réunion, à la Guadeloupe, à la Martinique ou à Pondichéry?

— Je vais vous le dire. On s'occupe beaucoup en ce moment de la Nouvelle-Calédonie, où il est question d'envoyer quelques-uns de ces messieurs de la Commune essayer, si bon leur semble, parmi les anthropophages, l'application de leurs systèmes socialistes[1]. Plusieurs de nos abonnés m'ont fait l'honneur de m'écrire pour me demander de leur donner quelques détails sur l'histoire et sur l'état actuel de cette île, sur les mœurs

---

1. Écrit en 1872.

de ses habitants, ses productions, son climat, etc. Je leur ai répondu qu'un de nos collaborateurs était allé précisément sur les lieux mêmes écrire le récit véridique d'un voyage d'exploration dans cette lointaine contrée, et que nous le publierions très prochainement, avec des gravures exécutées d'après des photographies rapportées de là-bas tout exprès pour le journal.

— Eh bien ! cher maître, permettez-moi de vous dire que vous ne manquez pas d'un certain... Par respect pour vos cheveux blancs, je retiens le mot prêt à s'échapper de mes lèvres.

— Je le devine sans m'en offenser. J'avoue que ma promesse était passablement audacieuse et imprudente. Mais telle je l'ai faite, telle il faut bien la tenir, et pour cela je compte sur vous.

— Maître, m'écriai-je, votre confiance me touche, et je saurai la justifier. La vérité est que je ne suis jamais allé dans la Nouvelle-Calédonie, pas plus que dans l'ancienne, — s'il y en a une, ce que je ne sais pas au juste. Mais, puisqu'il s'agit de tenir un engagement pris par vous envers nos lecteurs, tout me devient possible. Je pars.

— Vous partez : quand cela ?

— Demain, aujourd'hui même si je puis.

— Et vous serez de retour?

— Dans une quinzaine de jours.

— Mais, malheureux, vous voulez plaisanter, et ce n'est pas le moment. Vous ne savez donc pas que d'ici à la Nouvelle-Calédonie il y a plus de quatre mille lieues; que dans les meilleures conditions, et à supposer que vous ne perdiez pas de temps en route, il ne faut pas moins de deux mois pour accomplir ce voyage? Comptez. Deux mois pour aller, autant pour revenir; un mois pour visiter l'île, qui est grande, — car elle est très grande cette île, ne vous y trompez pas, — cela fait cinq mois au bas mot.

— Que cela ne vous inquiète pas, cher directeur. Dans quinze jours, vous dis-je, je vous apporterai les premiers feuillets de ma relation.

— Et des photographies?

— Et des photographies.

— Des vraies? — Songez que je les ai promises telles, et que nous ne trompons jamais nos abonnés.

— A qui le dites-vous! Soyez donc sans inquiétude; vous aurez des photographies authentiques, représentant des types et des sites du pays pris sur le fait, au grand soleil des tropiques. C'est bien là ce que vous me demandez?

— Assurément. Mais comment vous y prendrez-vous?...

— C'est mon affaire, vous dis-je. Adieu, et à quinzaine. Je n'ai pas un instant à perdre.

— Au revoir donc; bon voyage et bon retour. Dieu vous garde des naufrages, — et de l'appétit des cannibales!

Quinze jours après je reparaissais au bureau du journal, une liasse de papiers sous lo bras.

— Quoi! déjà vous! s'écria notre directeur. En vérité, je n'y comptais pas. Vous n'êtes point parti?

— Parti ou non, me voici de retour. Tenez,

ajoutai-je en déliant mon paquet et en étalant sous les yeux du maître ébahi quatre ou cinq photographies, que vous semble de ceci?

— Parfait! parfait! s'écria-t-il. Je vais envoyer cela tout de suite à la gravure. Et votre relation?... Donnez vite; — ou plutôt non : lisez-moi cela, voulez-vous?

— Avec plaisir. Vous m'aiderez à la compléter et à la modifier au besoin, — dans la forme, s'entend; car pour ce qui est du fond, je n'y pourrais rien changer sans en altérer la rigoureuse exactitude.

— Soit. Mais d'abord, dites-moi donc à l'aide de quel talisman, sur quelle monture ailée, vous avez pu vous transporter ainsi à l'autre bout du monde et visiter en si peu de jours le pays dont vous m'apportez la description?

— Je vous dirai cela plus tard, si vous êtes satisfait de mon travail.

— Comme il vous plaira.

Nous nous enfermâmes dans son cabinet, et

lorsque nous y fûmes convenablement instal-
lés :

— Maintenant que nous sommes seuls, lui
dis-je, je dois vous avouer que le miracle n'est pas
aussi complet que je vous l'ai laissé croire. Malgré
la rapidité vertigineuse de mon hippogriffe ; malgré l'obligeance extrême des esprits qui m'ont
servi de *ciceroni*, les papiers que voici ne forment
pas une relation bonne à être livrée au public. Ce
ne sont, à proprement parler, que des notes.

Notre directeur, à cette révélation, ne put s'empêcher de manifester son désappointement par
une légère grimace.

— Des notes, des notes! dit-il, c'est quelque
chose, sans doute ; mais pour les transformer en
copie, il va vous falloir encore du temps, et nous
sommes à la dernière limite.

— Voici, repris-je, ce que je vous propose. Je
vais, séance tenante, en me servant de ces notes,
vous raconter mon voyage, ou plutôt nous allons
en causer. Je consignerai au courant de la plume
vos remarques et vos questions ; je corrigerai et
compléterai, tout en le lisant, cet informe dossier.

Le soir même nous enverrons le tout à l'imprimerie, et il suffira d'une revision des épreuves pour que ma relation ait une tournure présentable.

— Je ne vois, en effet, dit-il, pas d'autre moyen de sortir d'embarras. Voici une plume et de l'encre ; mettons-nous à la besogne. Voyons votre début.

— Mon début, repris-je, c'est naturellement mon départ, — à moins que nous ne commencions par une introduction historique...

— Non, non, c'est trop solennel. L'histoire viendra plus tard ; nous trouverons bien moyen de l'intercaler quelque part sous forme de digression ; n'oubliez pas que le lecteur voyage avec vous et qu'il est pressé de partir, de changer de place, de voir du pays.

— C'est vrai, partons donc. Nous prenons le train pour Marseille. Faut-il parler de la Cannebière, du Prado, du port de la Joliette ?

— Inutile, inutile ; on connaît tout cela.

— Très bien. D'ailleurs, je n'ai rien vu à Marseille. Arrivé le soir par le chemin de fer, je m'embarquais dès le lendemain matin sur le paquebot-poste qui fait le service de la malle des Indes et qui se rend à Ceylan par Suez.

— A la bonne heure ! Quel jour êtes-vous parti?

— Cela vous intéresse?

— Sans doute, ne fût-ce que pour savoir combien de temps il vous a fallu pour arriver à destination.

— Eh bien ! mettons que je suis parti le 15 janvier.

— Bon ! Vous voici en mer. Racontez votre voyage et tâchez d'être intéressant.

— Je vais faire de mon mieux.

— Vous n'éprouvez pas, je pense, le besoin d'entendre parler, pour la mille et unième fois, des flots bleus de la Méditerranée, ni de savoir si le temps était bon ou mauvais. Sachez donc que nous arrivâmes à Malte après deux jours de navigation, et cinq jours après à Port-Saïd, où notre steamer s'arrêta tout juste le temps nécessaire pour débarquer une partie de ses dépêches, de ses colis et de ses voyageurs. Puis nous nous engageâmes à petite vapeur dans le fameux canal creusé par M. de Lesseps, et qui avait été inauguré deux mois auparavant. Vous avez vu à l'Exposition de 1867 le panorama de l'isthme, et vous savez que rien n'est moins pittoresque et moins

Port-Saïd.

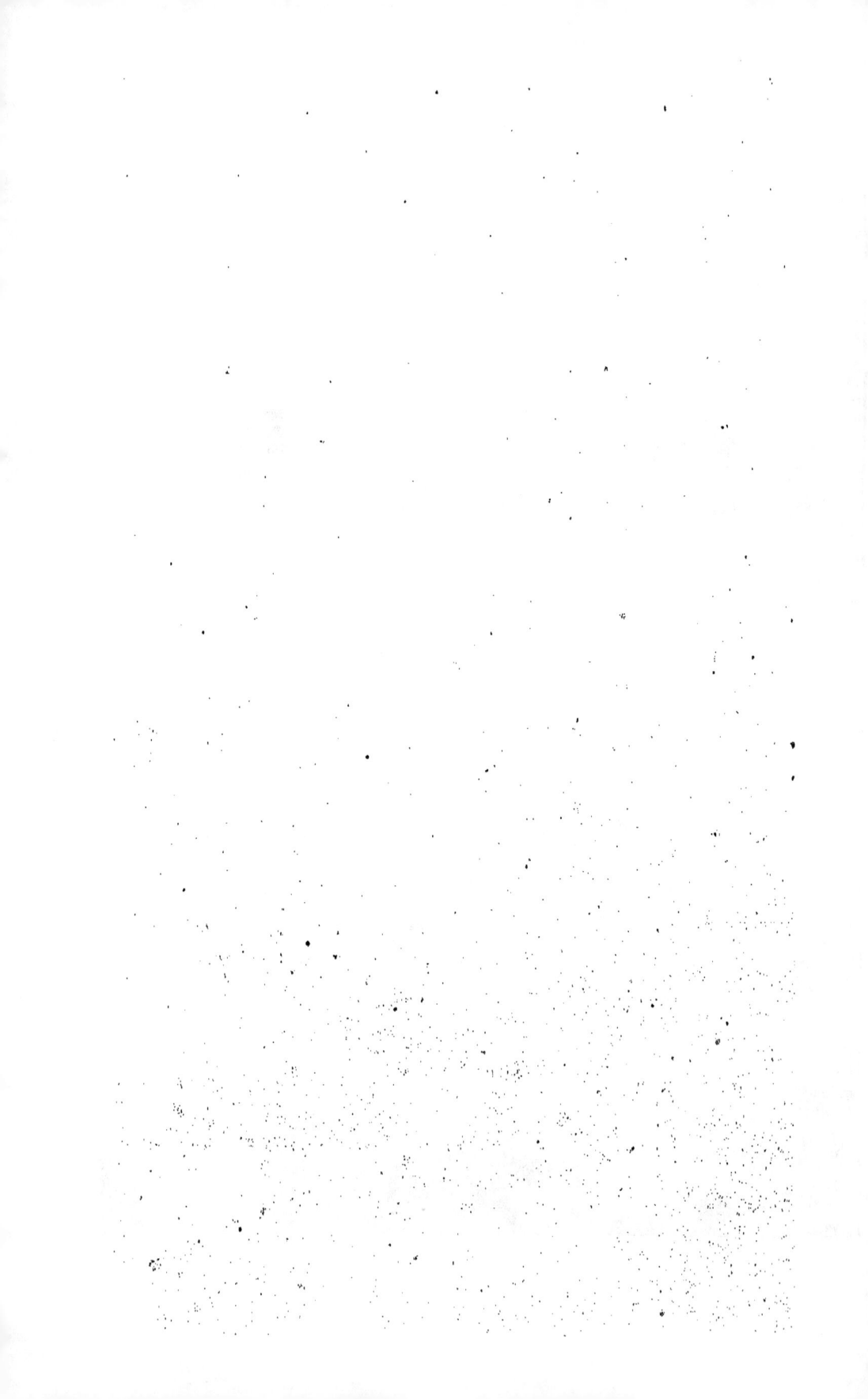

varié. Encore une description dont je puis me.
dispenser. Nous voici à Suez. Nous entrons dans
la mer Rouge, qui, comme vous le savez aussi,
n'est pas plus rouge qu'une autre, si ce n'est peut-
être en certains endroits, où abonde, dit-on, une
conferve filamenteuse et couleur de pourpre, appelée *Trichodesmium erythræum*. J'ai 'u cela quelque part, mais je ne l'ai point vu. J'ai lu aussi,
je ne sais plus où, que certain voyageur gascon
— d'autres disent normand — affirmait que si la
mer Rouge n'est plus rouge de nos jours, elle
l'avait été autrefois, grâce à la multitude de crevettes et de homards dont elle était peuplée.
(Vous savez, du reste, qu'un de mes confrères
n'a pas *rougi* d'imprimer en toutes lettres, dans
un très gros livre destiné à instruire la jeunesse,
que la mer Vermeille est colorée en rose par une
prodigieuse quantité de crevettes.) Comme on faisait observer au Gascon — ou au Normand — de
mon histoire que les crustacés ne sont rouges
que quand ils sont cuits :

— Je le sais bien, répondit-il sans se décon-
certer; mais il fait si chaud dans ces parages!

Le fait est que la mer Rouge est renommée
pour la température plus que tropicale qui y

règne en été, et qui atteint alors une intensité capable de cuire les poissons et autres bestioles assez imprudentes pour quitter leurs abris sous-marins et venir en plein midi s'exposer à l'ardeur du soleil.

Tous ceux qui ont fait pendant la saison chaude la traversée de Suez à Aden en ont conservé le souvenir... *cuisant.* Ce n'est donc pas sans raison que j'avais choisi pour entreprendre mon voyage le plein cœur de l'hiver. Dans cette saison, la navigation de la mer Rouge n'est pas seulement supportable, c'est presque une partie de plaisir. Les paquebots anglais sont parfaitement aménagés et approvisionnés : on y trouve bonne compagnie et bonne table. La faible partie de la journée qu'on ne passe pas à table est agréablement remplie par la musique, la conversation et même la danse. Quant à moi, je mange peu, je ne bois guère et je ne danse pas du tout ; mais je regarde danser les jeunes gens ; je cause volontiers à table comme ailleurs ; j'adore la musique et je fume beaucoup. C'est la nuit qui, en mer, laisse le plus à désirer. On étouffe dans les cabines et l'on dort très mal dans les *cadres* du bord. On a bien, sous le beau ciel des tropiques, la ressource de coucher en plein air ; mais, pour un Parisien habitué à se prélasser sur une pile de matelas supportés par un sommier élastique, une *galette* posée sur des planches manque de moelleux; sans compter que, dès quatre ou cinq heures du matin, il faut enlever sa couchette et déguerpir au plus vite, si l'on ne veut pas être douché par les seaux d'eau destinés à la toilette du navire

Avant d'arriver à Aden, on rase la petite île de Périm, dont les Anglais prirent possession, si je ne me trompe, en 1857. Ils s'étaient emparés de même et sans plus de façon de la ville et du port d'Aden en 1839, alors que la fameuse question d'Orient menaçait de bouleverser l'Europe; et ils ont si bien garni ces deux points de murailles crénelées et de canons, que personne ne peut désormais entrer dans la mer Rouge ou en sortir de ce côté sans leur permission. Périm est un îlot peu élevé, mais qui par sa position commande absolument le détroit de Bab-el-Mandeb. Quant à Aden, c'est un autre Gibraltar, une presqu'île dont la plus grande largeur est d'environ quatre mille cinq cents mètres, entièrement formée d'un massif de montagnes abruptes, dont la plus haute, le *djebel Schamschan*, s'élève à cinq cent quarante mètres au-dessus du niveau de la mer. Un isthme, qui n'est qu'un ensablement de trois cents mètres de large, la relie au continent.

La ville est bâtie au nord-est, dans une dépression de terrain qui n'est autre chose que le cratère d'un ancien volcan. De ce côté se trouve le petit port, qui ne reçoit que des navires d'un faible tonnage. Le grand port, appelé *Bander-Touwayi* par les Arabes et *Steam-Point* par les Anglais, peut abriter toute une flotte de vaisseaux de premier rang. C'est dans ce dernier que viennent mouiller tous les steamers faisant le service de l'Inde, de l'archipel indien et de l'Australie. Celui sur lequel je me trouvais était une de ces immenses et somptueuses hôtelleries flottantes qui transportent d'un bout du monde à l'autre des centaines de personnes : officiers, agents diplomatiques, gens d'affaires et de commerce, jeunes filles à marier, que sais-je? C'était, bien entendu, un bâtiment anglais; on ne voit guère sur l'océan Indien flotter d'autre pavillon que celui de la Grande-Bretagne. Quelquefois on reconnaît le beau pavillon étoilé des États-Unis. Quant à nos trois couleurs, elles ne brillent en général que par leur absence.

Les passagers à bord étaient assez nombreux,

Les rochers d'Aden.

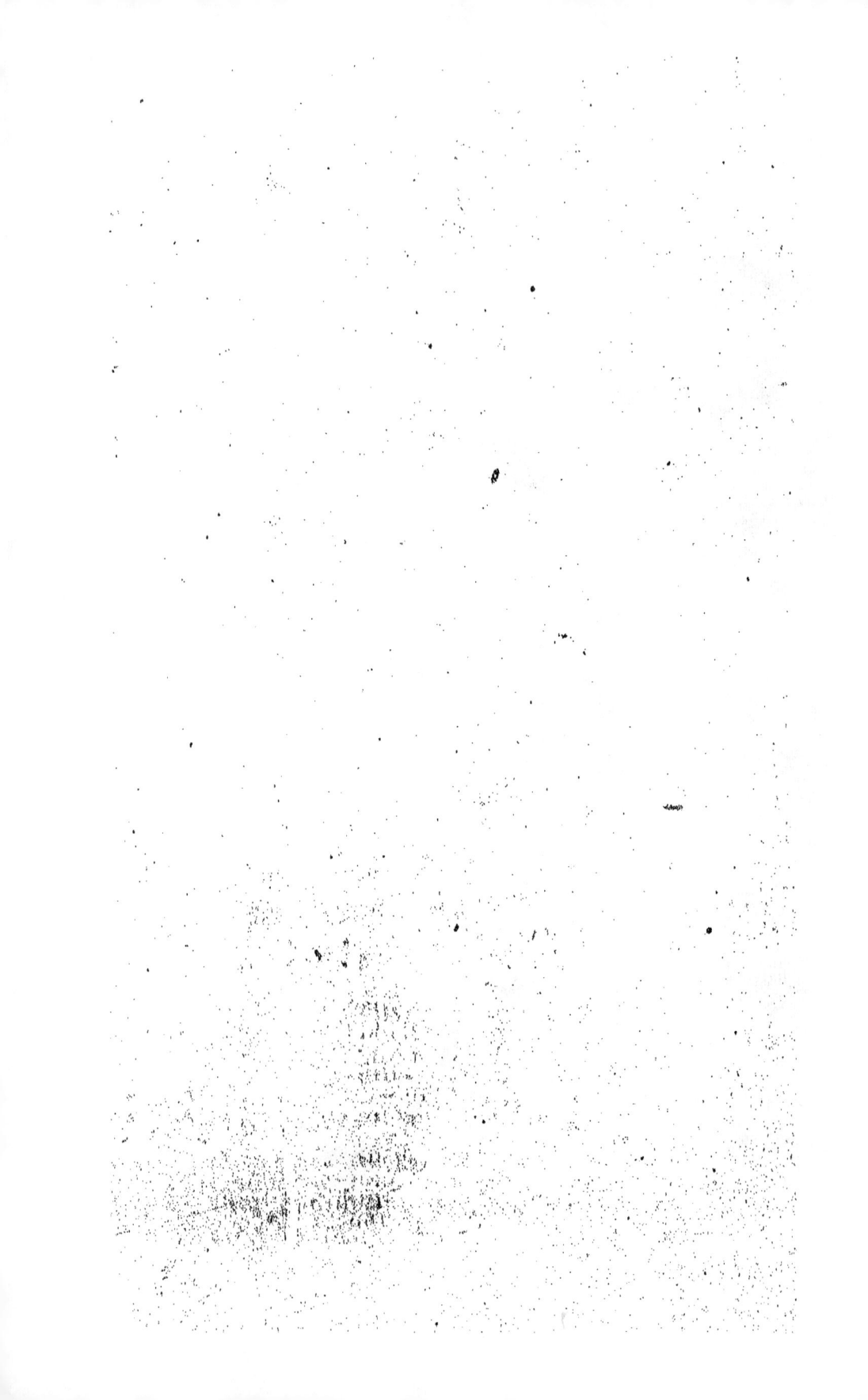

et presque tous étaient Anglais. Il y avait là des
familles entières qui semblaient aussi à l'aise,
aussi *chez elles* à bord du paquebot qu'elles l'eussent été dans leur maison d'Oxford street, du
Strand ou de Piccadilly. Je n'ai point d'antipathie
contre la nation anglaise. Je ne lui garde pas
rancune pour la guerre qu'elle nous a faite il y
a cinq cents ans, ni même il y a soixante ans. Je
tiens que l'on peut être bon patriote sans se montrer injuste envers des voisins qui ont cessé depuis longtemps d'être pour nous des ennemis.
J'oserai ajouter qu'il est bien difficile de mettre
le pied hors du territoire français et de courir un
peu le monde sans reconnaître, si l'on n'est trop
entiché de vanité nationale, la supériorité qu'ils
ont sur nous à beaucoup d'égards. On ne peut
surtout s'empêcher d'admirer la prodigieuse faculté d'expansion et d'assimilation, l'audace calme
et réfléchie, l'indomptable activité qui leur ont
donné l'empire des mers. En portant en tous lieux
leur industrie et leur commerce, ils y ont porté
du même coup la civilisation...

Ici notre directeur crut devoir m'interrompre.

— Un peu longue, me dit-il, votre digression
politico-économique à la gloire de l'Angleterre,
et peut-être même un peu hors de propos.

— Vous allez voir bientôt, lui répondis-je, qu'elle est tout à fait en situation. Déjà vous avez dû, en suivant mon itinéraire, être frappé de ceci : j'arrive à Marseille ; j'y cherche un bateau pour me transporter en Orient : je trouve un paquebot anglais ; me voilà parti. Notre première escale, Malte, est une possession anglaise. A Port-Saïd et à Suez, je trouve, il est vrai, une œuvre française, mais dont jusqu'ici les Anglais profitent beaucoup plus que nous. Je touche à Périm, forteresse anglaise ; à Aden, station anglaise. Là je ne vois que des navires anglais ; celui que j'ai pris à Marseille va me conduire à Ceylan, possession anglaise, et de là à King-George's-Sound, à Melbourne et à Sidney, toujours des possessions anglaises ; et lorsque j'arriverai au but de mon voyage, lorsqu'enfin je mettrai le pied sur une île française, qu'y trouverai-je? Des Anglais. Et pour me faire entendre des naturels de cette île, je serai obligé de leur parler anglais. Eh bien, cher maître, vous direz ce que vous voudrez ; mais ça ne prouve pas que nous soyons, comme nous en avons la sotte prétention, le premier peuple du monde.

— Hélas! j'en conviens, mais revenons à votre voyage. Où étiez-vous?

— J'étais à bord du steamer *Britannia,* en
route pour Ceylan, et j'y étais, je le répète, en
compagnie de gens qui ne parlaient qu'anglais;
et bien que j'entende et que je parle un peu leur
langue, je n'étais pas sans éprouver au milieu
d'eux un certain malaise, où l'humiliation de ne
voir mon pays représenté là que par ma chétive
personne était assurément pour quelque chose. Je
me promenais mélancoliquement sur le pont en
fumant ma pipe, — on fume beaucoup en mer, et
l'on n'y fume guère que la pipe; c'est plus commode et beaucoup plus économique que le cigare,
— je me promenais donc en fumant et en son-
geant, lorsqu'un *gentleman* qui s'était embarqué
à Aden, et avec lequel j'avais déjà échangé quelques mots d'anglais, s'approcha de moi et me dit
dans le plus pur idiome du boulevard des Ita-
liens :

— Monsieur, vous êtes Français, moi aussi. Je
crois même pouvoir conjecturer, d'après la façon
dont vous prononcez l'anglais, que vous êtes Parisien; je le suis également. Voulez-vous me permettre de vous serrer la main et de faire votre
connaissance?

Je me serais volontiers jeté dans les bras de ce
cher compatriote. Je ne me sentais pas de joie,

et la musique la plus délicieuse n'eût pas cha-
touillé mon oreille aussi agréablement que cette
simple phrase de politesse vraiment française. Je
répondis à ses avances, comme vous pouvez le
penser, avec une effusion bien sentie. C'était un
homme d'une quarantaine d'années, d'une phy-
sionomie ouverte et intelligente, de manières dis-
tinguées ; de plus, ainsi que j'en pus juger bientôt, résolu, persévérant, réfléchi, et ayant acquis
par lui-même, en outre de l'instruction uniforme
que nous puisons tous indistinctement à la ga-
melle universitaire, des connaissances positives et,
comme on dit, pratiques, que la plupart de nos
compatriotes trouvent généralement plus commode de dédaigner que d'acquérir. Lorsque je
lui eus fait connaître mon nom, il voulut bien me
dire que je ne lui étais pas inconnu et me citer,
comme les ayant lus, quelques-uns de mes ouvrages. Jugez un peu quelle satisfaction pour un
écrivain de rencontrer à deux mille lieues de son
pays un lecteur et, si j'ose ainsi dire, un ami in-
tellectuel !

A mon tour, je lui demandai à qui j'avais le
plaisir de parler.

Il se nommait André M... et voyageait avec sa
femme, son beau-frère, — un jeune homme de

dix-huit ans — et un ingénieur. Je réclamai l'honneur, qui me fut aussitôt et gracieusement accordé, d'être présenté à Mme M..., et je lui exprimai
de mon mieux combien j'admirais le courage, si
rare chez nos Françaises, qu'elle avait de suivre
son mari au bout du monde.

— Ce n'est pas la première fois, me répondit-
elle simplement, et j'espère que ce ne sera pas la
ernière. Mon mari et moi nous ne nous quittons
point.

Elle me présenta à son tour son frère Georges
et leur autre compagnon, M. Cardoso. On se mit à
causer comme d'anciens amis.

Cependant je n'avais pas encore osé demander
à M. M... où il allait. Je craignais d'apprendre
qu'il me faudrait le quitter en route. Ce fut lui qui
me posa le premier cette question, et quand il sut
que j'allais à la Nouvelle-Calédonie :

— Nous aurons donc, dit-il, le plaisir de vous
offrir l'hospitalité à Nouméa.

— Quoi ! m'écriai-je, vous habitez ce pays?

— Nous ne l'habitons pas encore précisément,
me répondit-il, mais nous espérons nous y fixer

dans peu de temps, si je réussis à mener à bonne
fin l'entreprise dont la direction m'est confiée.

J'appris alors qu'il était directeur d'une société
qui se propose de fonder et d'exploiter, à la
Nouvelle-Calédonie et dans ses dépendances, des
établissements agricoles, des usines pour la fabri-
cation du sucre ; de se livrer à des opérations de
banque, d'exploiter des mines, de créer un service
postal, d'exécuter divers travaux d'utilité publique
propres à favoriser le mouvement industriel et
commercial ; en un mot, de donner à la colonisation de l'île une impulsion qui, il faut bien le dire,
a totalement fait défaut jusqu'à présent. Provisoirement, la société s'occupe uniquement d'étudier
les ressources du pays et d'obtenir du gouvernement de la métropole des concessions et des traités, qui lui permettent de se mettre à l'œuvre sans
avoir à redouter les obstacles et les tracasseries
que l'administration militaire ne manque pas de
semer libéralement devant les pas des *pékins* qui
essayent de faire dans nos colonies quoi que ce soit
d'utile, surtout si ces pékins sont des Français.
M. M..., comme directeur de la compagnie et
chef de la mission d'exploration, avait déjà fait
un premier voyage et consacré plusieurs mois à
visiter non seulement la Grande-Terre, c'est-à-dire

la Nouvelle-Calédonie proprement dite, mais aussi les terres voisines. Il pouvait déjà se vanter de connaître fort bien tout l'archipel; mais il s'y rendait une seconde fois pour le mieux connaître encore, rentrer ensuite en France et prendre avec ses associés les dernières dispositions, à la suite desquelles il doit, s'il y a lieu, retourner à la Nouvelle-Calédonie avec un nombreux personnel, prendre possession des domaines qui auront été concédés, et commencer l'œuvre de la colonisation.

La rencontre de M. André M... était pour moi une bonne fortune que je n'aurais jamais osé espérer. En attendant qu'il me servît de guide dans ma trop rapide promenade à travers nos possessions néo-calédoniennes, je ne me fis faute de mettre largement à profit les loisirs de la traversée pour le questionner et prendre force notes; si bien qu'avant d'atterrir à Nouméa, je connaissais déjà presque aussi bien que lui les contrées que j'allais visiter.

Le 17 février, nous touchions à Pointe-de-Galles, qui est le port le plus méridional de l'île de Ceylan. Je ne fis qu'entrevoir cette île merveilleuse, qui, de quelque côté qu'on l'aborde, offre aux regards un panorama dont la grâce et la magnificence défient toute description. Les poètes orientaux l'ont appelée « l'île des bijoux, la terre des jacinthes et des rubis, une perle au front de l'Inde ».

C'est à peu de distance au sud de Ceylan que l'on *passe la ligne,* c'est-à-dire que l'on franchit la limite idéale qui sépare l'hémisphère boréal de l'hémisphère austral. Inutile de dire que rien de particulier n'avertit le voyageur de ce moment solennel.

De Pointe-de-Galles à King-George's-Sound, sur la pointe sud-ouest du continent australien, il n'y a point d'escale. C'est une traversée d'une quinzaine de jours, assez pénible pour les marins et peu agréable pour les passagers. La zone équatoriale, en effet, est celle du grand anneau de nuages orageux que les Anglais désignent sous le nom de *cloud ring.*

Sous cet épais et humide manteau d'où partent des torrents de pluie et d'incessantes décharges électriques, l'air se refroidit, la mer se hérisse de petites lames courtes qui se heurtent en tous sens et fatiguent beaucoup le navire.

Nous eûmes une relâche de vingt-quatre heures à King-George's-Sound, ville neuve et non encore achevée, qui s'épanouit gaiement dans le voisinage d'un pénitencier et d'un grand dépôt de charbon.

Non loin de là, dans la baie, se trouve une île désignée sous le nom d'*île aux Lapins*, parce qu'en effet elle est presque exclusivement peuplée de ces rongeurs, descendants sans doute d'individus importés autrefois d'Europe par des navigateurs.

Cette population lapine ne peut, en dépit de sa fécondité proverbiale, tarder à disparaître : car une partie de plaisir pour les passagers et même les officiers de tous les navires qui viennent mouiller dans la baie consiste à débarquer en nombre dans cette île pour y faire un carnage de ses inoffensifs habitants. Les jeunes gens du bord et même quelques hommes d'un âge plus mûr ne manquèrent pas d'organiser une expédition dans l'île aux Lapins, et ils en revinrent chargés de véritables grappes de ces animaux.

II

De King-George's on va à Melbourne, et de Melbourne enfin à Sydney. J'aurais bien des choses à dire sur ces deux grandes cités, qui se sont développées avec une si étonnante rapidité. Je pourrais aussi vous parler longuement des steppes australiens, de leurs habitants européens et indigènes, de leur faune et de leur flore si bizarres et *sui generis*. Mais une fois engagé dans cette voie, Dieu sait quand je m'arrêterais. Aussi bien il vous tarde comme à moi d'atteindre enfin le terme de ce long voyage. Je franchis donc d'un bond les quinze jours qu'il me fallut rester à Sydney pour attendre le courrier de la Nouvelle-Calédonie. Le navire qui fait le service du transport des voyageurs et

des dépêches entre Sydney et Nouméa est encore
un bateau à vapeur anglais. Inutile de vous dire
que je m'étais attaché aux pas de mon nouvel ami,
M. André M..., et que je me laissais guider absolument par lui. Nous fîmes donc ensemble transporter nos bagages à bord du paquebot, et nous
mîmes sous vapeur le 28 mars. La distance qui
sépare Sydney de Nouméa est d'environ trois cent
cinquante lieues. Le temps que l'on met à la franchir est très variable pour les navires à voiles, à
raison des calmes qui les surprennent parfois au
beau milieu de leur route, surtout dans la saison
des pluies ou saison chaude.

Heureusement pour nous, notre navire — et
c'est là un des immenses avantages de la vapeur
— se souciait peu du vent, qui tomba presque
complètement quatre jours après notre départ de
Sydney, c'est-à-dire alors que nous approchions
de notre but. Ce calme, loin de nous gêner,
tourna au contraire à notre avantage. D'abord,
il nous fournit l'occasion de contempler à l'aise,
grâce à la transparence de l'eau, les mystères du
monde marin. Ensuite — et ceci est plus important — il nous permit de gouverner aussi aisément
que nous eussions pu le faire sur un lac, et de
franchir sans peine une des deux *passes* étroites

et dangereuses qui, du côté ouest, donnent accès au port à travers la ceinture de coraux qui forme tout autour de l'île une sorte d'enceinte continue.

Je viens de parler au monde sous-marin. Puisque nous sommes encore en mer, c'est le moment de vous signaler, parmi les animaux qui habitent cette région de l'humide empire, d'abord une innombrable multitude de poissons que je n'ai pas eu le loisir d'étudier et de « déterminer », comme disent les naturalistes, mais dont deux espèces cependant méritent une mention particulière, sinon honorable. L'une, signalée par Labillardière (le naturaliste de l'expédition dirigée par d'Entrecasteaux), est le *Scorpæna digitata*, dont la tête est garnie de saillies épineuses qui font, lorsqu'on les manie imprudemment, des piqûres très douloureuses et très difficiles à guérir. Labillardière dit qu'un des matelots de *la Recherche* fut grièvement blessé par le scorpène. L'autre espèce, beaucoup plus dangereuse encore, a été décrite par le savant Forster, compagnon du capitaine Cook, qui représente ce poisson comme ayant quelque ressemblance avec celui qu'on nomme vulgairement *soleil*. Cook et Forster père et fils, en ayant mangé, furent tous trois sérieusement et longtemps malades. Ce poisson avait cependant produit sur eux, par sa laideur difforme, une impression désagréable, et leur avait fait penser qu'il pouvait être vénéneux. Ils eurent le tort de ne point tenir compte de cette sorte de pressentiment.

On a signalé depuis, dans les mêmes parages, un poisson vénéneux, qui ne paraît pas être le même que celui dont parlent Cook et Forster, puisque celui-là se rapproche, par sa forme et sa dimension, de la sardine commune. On l'a nommé la *melette vénéneuse*. Il y a peu d'années que ce poisson causa la mort de cinq hommes du *Catinat*, et en rendit malade une cinquantaine de l'équipage du *Prony*.

En outre de ces poissons vénéneux, la mer qui baigne la Nouvelle-Calédonie nourrit encore un serpent d'eau *(Hydrophis)* ou *platyure* (à queue large et plate), qui est très venimeux, mais qu'on peut néanmoins prendre vivant sans danger, parce que la petitesse de sa bouche et la position de ses *crochets* ne lui permettent pas de mordre l'homme. Les requins ne sont non plus rien moins que rares dans cette mer, et comme ils y trouvent une nourriture abondante, ils mordent difficilement à l'appât.

Nous avions vu des phoques sur les côtes de l'Australie. En approchant de la Calédonie, nous pûmes assister aux ébats de troupeaux de cétacés, qu'on me dit être de petites baleines, mais que je soupçonne fort d'être de simples marsouins. On rencontre aussi en grand nombre, près des côtes et sur les plages, des tortues, dont la chair est un manger très succulent et très savoureux. J'allais oublier le plus curieux des hôtes de la mer du Sud : le poisson volant, qui peut s'élever jusqu'à cinq ou six mètres au-dessus de l'eau et parcourir, à cette hauteur, avec le secours de ses ailes, une distance d'environ trois cents mètres. Le poisson volant a un implacable et vorace ennemi, la dorade. Celle-ci est sans contredit l'animal qui justifie le mieux le proverbe : « Nager comme un poisson. » Comme elle se meut dans l'eau avec une incroyable agilité, on la voit suivre en nageant le vol de son gibier favori, et le happer au moment où, ayant épuisé ses forces et sa respiration, il est obligé de se laisser retomber dans l'eau. Les marins s'amusent à pêcher la dorade en lui jetant pour appât un simulacre de poisson volant habilement façonné avec de l'étoupe et de la toile à voiles.

Mais nous avons franchi la passe. Nous voici

dans l'espèce de bassin annulaire qui remplit l'espace compris entre la zone des récifs madréporiques et les côtes de l'île. Celles-ci nous apparaissent distinctement, et je suis obligé de dire, pour rendre hommage à la vérité, que leur aspect n'a rien de bien séduisant. Plusieurs îlots aux falaises élevées et abruptes se dressent à quelque distance, comme des sentinelles avancées autour d'une place forte. L'île elle-même — la Grande-Terre — est hérissée de montagnes; ces montagnes sont d'un aspect assez majestueux et imposant, mais nullement gai. Cette vue me causa un certain désappointement. Comme mon savant et spirituel devancier M. Jules Garnier [1], « je m'attendais au paysage moelleux des tropiques », et j'avais sous les yeux des chaînes interminables de montagnes rougeâtres, jaunâtres, bleuâtres, dont les tons terreux ou métalliques n'ont rien de réjouissant. Nouméa, principal port et chef-lieu de la colonie, mérite à peine le nom de ville; mais

1. Ingénieur chargé par le gouvernement d'aller explorer des gisements de houille qui avaient été signalés à la Nouvelle-Calédonie. M. Jules Garnier a publié, chez l'éditeur H. Plon, le récit très intéressant et très pittoresque de son voyage, en deux jolis volumes grand in-18, avec cartes et gravures, sous le titre commun de : *Voyage autour du monde;* chaque volume ayant d'ailleurs son titre propre, le premier : *Nouvelle-Calédonie (côte orientale);* le second : *Océanie; les îles des Pins, Loyalty et Tahiti.*

elle fait assez bonne figure à distance, avec ses *cases* entourées de jardins. Le port, où nous entrons enfin le 4 avril, — deux mois et demi après mon départ de Marseille, — est compris, ainsi que la rade, entre la côte calédonienne, profondément échancrée en cet endroit, et l'île Nou ou Dubouzet, qui forme, en avant de la baie, une digue naturelle...

J'interrompis ici ma lecture, que mon rédacteur en chef avait consciencieusement écoutée sans en paraître trop ennuyé.

— Ne pensez-vous pas, lui demandai-je, que le moment est venu de donner au lecteur, sur ce pays nouveau où nous allons l'introduire, quelques renseignements géographiques, topographiques, orographiques, hydrographiques, ethnographiques et historiques?

— Cela me paraît, en effet, opportun; mais condensez, je vous prie, condensez!

— D'abord, repris-je, la Nouvelle-Calédonie est une île. Chacun sait ça. Ce qu'on sait peut-être moins, c'est qu'elle est comprise dans la division de l'Océanie que les géographes ont ap-

pelée Mélanésie, à cause de la couleur foncée de
ses habitants. Elle se trouve par 20°10′ et 22°26′
de latitude sud, 161°35′ et 164°35′ de longitude
est. C'est une grande langue de terre à peu près
fusiforme, dont le grand axe coupe en deux parties sensiblement égales l'angle droit formé par
l'intersection du 22° parallèle et du 164° méri-
dien; c'est-à-dire que son inclinaison, par rapport
à l'un et à l'autre, est d'environ 45 degrés; en
d'autres termes, que son orientation est exacte-
ment du sud-est au nord-ouest. Elle touche presque, par sa pointe méridionale, au tropique du
Capricorne. Ses côtes ne sont pas profondément
découpées, si ce n'est aux extrémités, qui présentent quelques échancrures irrégulières et assez considérables; l'extrémité nord surtout a l'air
d'avoir été taillée en pointe avec un très mauvais
outil par un ouvrier très maladroit.

Les îlots de Néba, de Yandé, de Paaba, de
Balabio, qui environnent la pointe septentrionale,
en représentent les éclats, les menus fragments.
Vers l'extrémité méridionale, mais seulement sur
la côte occidentale, on trouve aussi plusieurs petites îles, à partir de la baie Saint-Vincent, qui
en contient, pour sa part, une demi-douzaine,
jusqu'à la baie de Prony, qui est précédée de l'île

Uen. Une chaîne de récifs très dangereux pour les navigateurs, et sur lesquels vint se briser, dans la nuit du 28 au 29 avril 1855, la corvette française *l'Aventure*, relie la pointe sud de la Grande-Terre à l'île des Pins ou Kounié, la plus grande de ses proches voisines. Plus loin, à l'est, et dans une direction rigoureusement parallèle à celle de la Nouvelle-Calédonie, s'échelonne le petit archipel des trois îles Loyalty : Uvéa, la plus petite, au nord-ouest ; Lifou, la plus grande, au milieu ; Maré, de dimensions moyennes, au sud-est.

— *Loyalty,* dit M. W..., c'est un nom anglais, cela ?

— Oui. Il n'est cependant pas certain que ce soit un navigateur anglais qui ait le premier visité ou aperçu cet archipel. En tout cas, c'est par erreur que quelques auteurs en ont attribué la découverte au capitaine Cook.

— Mais au moins est-ce bien Cook, si je ne me trompe, qui découvrit la Nouvelle-Calédonie. Les circonstances de cet événement méritent d'être rappelées.

— D'autant que bon nombre de ceux à qui je les *rappellerai* ne les ont jamais connues.

Ce fut le 4 septembre 1774, à huit heures du matin, que Cook, naviguant dans la direction du sud-ouest, avec le dessein de traverser la mer du Sud dans sa plus grande longueur, aperçut « une grande terre où aucun navigateur européen n'avait encore abordé ». Il marcha pour l'accoster jusqu'à cinq heures du soir, où il se trouva en calme, à trois lieues environ de la côte. Il vit, derrière les écueils qui la lui masquaient en grande partie, deux ou trois pirogues à voiles qui semblaient venir à sa rencontre et des colonnes de fumée qui s'élevaient du rivage. Le lendemain, une légère brise ayant succédé au calme, il put approcher davantage, mais bientôt il se vit arrêté par la chaîne de brisants dont j'ai parlé; il prit alors le parti de remonter vers le nord-ouest en longeant cette chaîne. Il courut ainsi deux lieues, et parvint à un passage qui lui permit d'approcher très près du rivage et d'y conduire deux canots pour chercher de l'eau.

Les naturels étaient venus à lui en très grand nombre sur leurs pirogues, montrant des dispositions hospitalières et le vif désir qu'ont toujours les sauvages de se procurer des objets tels que des verroteries, des couteaux et des étoffes; surtout des étoffes rouges, cette couleur éclatante

ayant particulièrement le don de les séduire. Les
relations de Cook avec ces insulaires furent très
amicales. Il les trouva bons compagnons, d'un
caractère très doux, très pacifique, mais apathi-
que et indolent à l'excès. Il n'en put rien obtenir
que la permission de visiter librement la contrée,
et jugea que ce peuple n'avait guère reçu de la
nature qu'un excellent caractère.

M. Édouard Charton, le docte et intelligent
auteur du recueil des *Voyages anciens et modernes*, dit à ce propos que « l'illusion de Cook
sur l'*excellent* caractère des Nouveaux-Calédo-
niens donna lieu, plus tard, à une bien vive réac-
tion lorsqu'on reconnut que ces insulaires étaient
anthropophages ». Or il résulte des renseignements fournis par les voyageurs qui ont visité la
Nouvelle-Calédonie depuis un siècle ; il résulte
surtout de nos rapports avec les naturels depuis
que nous avons pris possession de l'île, que Cook
ne s'était point fait illusion sur leur compte et
qu'il les a dépeints tels qu'ils sont. Ils mangent
volontiers, il est vrai, de la chair humaine ; mais
cette coutume, si atroce qu'elle soit en elle-
même, n'exclut pas les qualités que leur avait
reconnues le célèbre navigateur anglais. Il ne faut
pas juger des sauvages d'après les mêmes règles

morales qu'on appliquerait à des hommes parve-
nus déjà à un certain degré de civilisation, et
confondre ce qui fait le fond de leur caractère
avec les coutumes et les idées qui n'en sont que
des manifestations secondaires, encore moins avec
les appétits et les habitudes qu'ils ont pu con-
tracter par suite de circonstances toutes particu-
lières.

Je reviendrai d'ailleurs sur cette question de
l'anthropophagie, qui s'est représentée plusieurs
fois, on le pense bien, dans mes conversations
avec M. André M... et avec d'autres personnes
ayant habité la Nouvelle-Calédonie. Pour en revenir au capitaine Cook, je dirai que les observa-
tions recueillies par lui et ses deux savants compagnons, Forster père et fils, pendant les quelques jours qu'ils employèrent à visiter l'île, sont
à la fois très exactes et très complètes ; on y a
sans doute ajouté depuis, surtout en ce qui con-
cerne la géographie ; mais on n'a eu que très
peu de rectifications à y faire.

Cook se loue non seulement de la douceur des
Néo-Calédoniens, mais aussi de leur probité.

« Il n'essayèrent jamais, dit-il, de me voler la

moindre bagatelle, et ils se comportèrent avec beaucoup d'honnêteté. »

Cependant l'histoire du poisson vénéneux vendu au secrétaire de Cook ne fait pas, il faut l'avouer, grand honneur à leur loyauté commerciale ni même à leur humanité. L'instinct du vol ne tarda pas, au surplus, à se développer en eux, et, plus tard, le navigateur français d'Entrecasteaux et ses compagnons les trouvèrent, sous ce rapport, tout à fait à la hauteur des autres insulaires de l'Océanie. Labillardière, le savant de l'expédition, se plaint amèrement de leur friponnerie et raconte le tour suivant, que lui jouèrent deux pipeurs du pays :

« L'un, dit-il, m'offrit de me vendre un petit sac qui contenait des pierres taillées en ovale et qu'il portait à la ceinture. Aussitôt il le dénoua et feignit de vouloir me le donner d'une main, tandis que, de l'autre, il reçut le prix dont nous étions convenus. Mais en même temps un autre sauvage, qui s'était placé derrière moi, jeta un grand cri pour me faire tourner la tête de son côté, et aussitôt le fripon s'enfuit avec son sac et mes effets, en cherchant à se cacher dans la foule. »

Tout à fait primitif, n'est-ce pas? Voilà bien, en matière de vol, l'enfance de l'art.

— Oui, dit M. W..., mais ces bons sauvages ont dû faire des progrès, grâce aux leçons des coquins émérites qu'on leur a donnés pour cohabitants. Pauvres gens! un triste cadeau qu'on leur a fait là!

— Ah oui! les « travailleurs de la transportation », comme disait l'amiral Guillain.

— Qu'est-ce que l'amiral Guillain?

— Un honorable et brave marin, philanthrope et socialiste, qui a naguère essayé, à la Nouvelle-Calédonie, de relever, de réhabiliter les forçats en les prenant par les sentiments... Je vous conterai cela un peu plus tard. Le fait est que, depuis d'Entrecasteaux, on a eu à reprocher aux Néo-Calédoniens des faits infiniment plus graves que les peccadilles rapportées par Labillardière. Ils ont brûlé des maisons, pillé des magasins, attaqué à force ouverte ou, assassiné traîtreusement des missionnaires, des soldats t des colons européens; ils en ont même mangé

Mais nous arriverons assez tôt à ces tristes et inévitables épisodes de la colonisation. Revenons à Cook et à ses compagnons, ou plutôt aux insulaires tels qu'ils les purent voir il y a cent ans. C'étaient, je le répète, des gens paisibles, bons époux à la façon des sauvages et des barbares, c'est-à-dire traitant leurs femmes, — je dis *leurs femmes* au pluriel, car en avoir un nombre quelconque leur semblait tout aussi naturel et légitime qu'à nous d'avoir plusieurs animaux domestiques, — traitant, dis-je, leurs femmes à peu près comme un des moins tendres de nos paysans traite son âne, avec cette différence que ledit paysan ne tue pas son âne pour le manger, tandis que le Néo-Calédonien se passait quelquefois cette fantaisie vis-à-vis de son infortunée compagne ; — bons pères, par exemple, et la femme — j'allais dire, hélas ! la femelle — est fort bonne mère et prend grand soin de ses petits. Un missionnaire français, le père Rougeyron, rend sur ce point justice à l'un et l'autre sexe.

« Il est remarquable, dit-il, que les Calédoniens aiment beaucoup leurs enfants. La mère et même le père portent sur leur dos les plus petits dans des berceaux faits d'écorce d'arbre, et qui ont à peu près la forme d'une chaise ou d'une

Vue intérieure prise à la Nouvelle-Calédonie

hutte. Cette chaise, sur laquelle on étend l'enfant, a un rebord pour l'empêcher de tomber ; les parents l'entourent ou le couvrent soigneusement d'une petite natte. Quand les femmes vont à l'extérieur, pour chercher des aliments dans les montagnes ou des coquillages dans les récifs, elles laissent souvent leur enfant dans la case à la garde du père ou le couchent sur une natte, sur laquelle on le roule pour l'endormir. Si l'on ne parvient pas à l'apaiser, pour l'empêcher de crier, on lui jette de l'eau froide sur la tête. »

Cook trouva les Calédoniens adonnés à l'agriculture, à l'élève de la volaille, à la chasse et à la pêche et à quelques industries des plus élémentaires. Leurs procédés agricoles étaient simples, expéditifs, peu fatigants, et ne s'appliquaient qu'à des plantes qui croissent naturellement et facilement dans l'île : bananiers, cannes à sucre, ignames et patates douces. En débarquant sur la côte nord-est, à l'endroit appelé *Balade*, Cook avait été frappé du « très bon état de culture » du sol, « arrosé par de petits canaux conduits avec art depuis le ruisseau principal ». Les habitants savaient marner le sol avec des coquillages et des coraux qu'ils y répandent.

« J'ai observé, dit encore Cook, que la première chose qu'ils font, c'est de mettre le feu
aux herbes qui en couvrent la surface. Ils ne
connaissent pas d'autres moyens, pour rendre au
sol épuisé sa première fertilité, que de le laisser
en jachère pendant quelques années; cet usage est
général chez tous les peuples de cette mer. Ils
n'ont aucune idée des engrais, du moins je n'en
ai jamais vu employer. Leurs volailles apprivoi-
sées étaient, dit encore le navigateur anglais,
d'une grosse espèce et d'un plumage brillant. Les
insulaires n'avaient pas d'autres animaux domestiques. »

Cook dépeint la joie extraordinaire qu'il causa
à l'un des chefs du pays, nommé Téa-Boma, en
lui faisant cadeau de deux jeunes chiens, mâle
et femelle. Le chef ne pouvait croire d'abord à
tant de bonheur, et, lorsqu'on fut enfin parvenu
à lui faire entendre que ces deux animaux étaient
bien à lui, il parut transporté d'aise et conduisit
aussitôt ses nouveaux compagnons à sa case.
Cook n'obtint pas le même succès avec les cochons. Il eut quelque peine à en faire accepter un
couple au même Téa-Boma. Il lui fallut pour
cela insister longtemps sur « l'excellence des deux
quadrupèdes et particulièrement sur la fécondité

de la femelle et sur le profit que donnerait la race
en se multipliant ». C'est que les chiens avaient plu
tout d'abord à l'insulaire, par leur beauté sans
doute et aussi par leur air intelligent et leurs
façons aimables, tandis que la mine des cochons,
peu séduisante à la vérité pour qui ignore les mé-
rites de leur chair et de leur lard, inspirait aux
Calédoniens non seulement de l'aversion, mais
de l'effroi. On comprendra les impressions diverses et très vives produites sur ces hommes par
la vue de nos animaux familiers, lorsqu'on saura
qu'il n'existe dans la Nouvelle-Calédonie d'autres
mammifères que de grandes chauves-souris. La
classe des reptiles n'y est représentée que par
le serpent marin dont j'ai parlé précédemment
et par de petits lézards tout à fait inoffensifs. Celle
des batraciens manque totalement; mais on s'occupe, à ce qu'il paraît, de combler cette lacune,
en important là-bas des grenouilles et des crapauds, sur lesquels on compte beaucoup pour
faire la guerre aux insectes nuisibles et surtout
aux moustiques, qui sont le véritable fléau du
pays.

Je crois inutile de m'arrêter davantage aux ob-
servations de Cook et de Forster, qui ont été re-
produites depuis et qui, presque toutes, s'accor-

dent entièrement avec celles des plus récents
voyageurs. Mais je ne puis omettre de mentionner
l'importante découverte de l'île des Pins. Ce fut
le 13 septembre, après un séjour d'une semaine
au mouillage de Balade, vers la pointe nord de
la Grande-Terre, que Cook leva l'ancre au lever
du soleil et sortit du canal par lequel il avait pu
franchir la chaîne de récifs madréporiques dont
l'île est entourée de toutes parts. Il navigua en
serrant d'assez près cette chaîne dans la direction
du sud-est, et il aborda le 26 au matin à la nouvelle île, sur laquelle on avait remarqué de loin
une multitude de « petites élévations qu'on aurait
pu prendre pour les mâts d'une flotte ». Ces élévations avaient fort intrigué le personnel de l'expédition.

« Nous ne pouvions, dit Cook, nous mettre
d'accord sur la nature de ces objets. Je supposais
que c'était une espèce singulière d'arbres, par
la raison qu'ils étaient très nombreux et que,
d'ailleurs, une grande quantité de fumée sortit
tout le jour du milieu de ces objets, près du promontoire. Nos philosophes pensaient que c'était
la fumée d'un feu interne et perpétuel. Je n'eus
pas la peine de leur représenter que, le matin,
il n'y avait point eu de fumée dans cette même

place, car ce feu prétendu perpétuel cessa avant la nuit et, depuis, on n'en aperçut plus.

« Ces objets, qui ressemblaient à des colonnes, étaient éloignés les uns des autres; mais la plus grande partie formaient des groupes serrés.

« Comme on trouve des colonnes de basalte dans toutes les parties du monde, il y avait lieu de croire que celles-ci étaient de même espèce... »

Ce ne fut qu'en approchant tout à fait de la terre qu'on reconnut, dans ces objets, des arbres à forme cylindrique régulière, à tige élancée et parfaitement droite; en un mot, des pins de l'espèce que les botanistes ont appelée *colonnaire*. C'était une bonne fortune pour le capitaine.

« Je ne connaissais, dit-il, encore aucune île de la mer Pacifique où un navire pût mieux se fournir de mâts et de vergues. Ainsi la découverte de cette terre est précieuse, ne fût-ce qu'à cet égard. Mon charpentier pensait que ces arbres donneraient de très bons mâts. Le bois en est blanc, le grain serré; il est dur et léger. J'observai que les plus grands de ces arbres avaient les branches plus petites et qu'ils étaient couronnés comme s'il y eût eu à leur sommet un rameau qui eût formé un buisson. C'était là ce qui les avait fait prendre d'abord, avec si peu de fondement, pour des colonnes de basalte, et il est vrai qu'on ne pouvait guère s'attendre à trouver de pareils arbres sur cette terre. »

Cook donna le nom d'île des Pins à l'île qu'il venait de découvrir au sud de la Nouvelle-Calédonie, et ce nom lui est resté.

Dans les instructions données par le roi Louis XVI en personne au commandant La Pérouse, désigné comme l'émule et le continuateur du grand navigateur anglais, on trouve que La Pérouse devait, en quittant l'île des Amis, venir se mettre par la latitude de l'île des Pins, située à la pointe sud-est de la Nouvelle-Calédonie, et, après l'avoir reconnue, longer la côte occidentale, qui n'avait pas encore été visitée, afin de s'assurer si cette terre n'était qu'une seule île où si elle était formée de plusieurs.

On sait par quelle mystérieuse catastrophe fut interrompue cette magnifique exploration du globe terrestre qui devait immortaliser le nom de notre brave et infortuné compatriote. La Pérouse avait quitté Brest le 1ᵉʳ août 1785. Son journal s'arrête au 23 janvier 1788. Il quitta Botany-Bay vers le 20 février. Depuis lors on attendit vainement chaque mois en France de ses nouvelles. Trois années s'écoulèrent; enfin, le 9 février 1791, l'Assemblée nationale décida que le roi serait prié d'armer un ou plusieurs bâtiments, avec la mission spéciale de rechercher M. La Pérouse. En exécution de ce décret, les deux frégates *la Recherche* et *l'Espérance* sortirent de Brest le 28 septembre 1791. Elles étaient commandées par le contre-amiral Bruni d'Entrecasteaux. Celui-ci ne trouva point de traces de La Pérouse. Il mourut du scorbut après deux ans de navigation, comme il explorait la côte nord de la Nouvelle-Bretagne, et ses deux frégates étant allées, au mois d'octobre 1793, mouiller à Sourabaya (île de Java), furent capturées par les Hollandais, alors en guerre avec la République française.

Mais d'Entrecasteaux avait accompli d'importantes découvertes, notamment la reconnaissance de la côte occidentale de la Nouvelle-Calédonie, spécialement recommandée à La Pérouse. Labillardière, naturaliste distingué, qui l'accompa-

gnait, a laissé de ce voyage une importante relation scientifique, où l'on trouve sur la faune et
la flore de l'île, sur le caractère et les coutumes
de ses habitants, les notions les plus exactes et
les plus détaillées. Il rapporte, entre autres choses, de quelle façon l'on découvrit que les Néo-
Calédoniens étaient anthropophages. L'un deux,
voulant faire une politesse au dessinateur Piron,
offrit gracieusement à ce dernier de partager
avec lui un morceau de viande fraîchement gril-
lée, encore adhérent à l'os. Piron, ignorant que
l'homme était, avec la chauve-souris, le seul représentant de la classe des mammifères qui se
trouvât dans l'île, et croyant qu'on le conviait à
un régal de gibier, allait accepter, lorsque son
savant compagnon l'avertit que le morceau pro-
venait du bassin d'un enfant de quatorze à quinze
ans. Piron ayant alors manifesté son horreur pour
un pareil aliment, les sauvages se rapprochèrent
des matelots les plus robustes, leur palpant, en
vrais gourmets de chair humaine, les parties les
plus charnues des bras et des jambes, faisant cla-
quer leur langue et répétant le mot *kaparek*,
qui peut se traduire librement par « on en man-
gerait ».

Il faut bien croire cependant que, déjà en ce

temps, l'anthropophagie des Néo-Calédoniens était relativement modérée : car Labillardière déclare que, selon lui, cette coutume tient chez eux plutôt à l'abrutissement qu'à la férocité.

« Ils ne sont pas, dit-il, si terribles que les autres cannibales. Différents signes qu'on leur fît maladroitement, ou qu'ils interprétèrent mal, leur ayant fait supposer que nous étions aussi des anthropophages, ils se crurent à leur dernière heure et se mirent à pleurer. On eut beaucoup de peine à les rassurer. »

Labillardière plaide en faveur de ces malheureux les circonstances atténuantes, et invoque à leur décharge la famine, dont ils souffrent souvent au point d'être réduits à manger, non seulement des écorces et des racines aussi indigestes que désagréables au goût, mais « de gros morceaux d'une stéatite très tendre, de couleur verdâtre ». Cette substance minérale ne les nourrit en aucune façon ; mais elle leur remplit l'estomac et les aide à attendre des jours meilleurs. D'un autre côté, ce que Labillardière omet de dire, c'est que si les Néo-Calédoniens sont réduits à cette extrémité, cela tient pour beaucoup à leur paresse.

« Ils cultivent, et même fort bien, dit le P. Rougeyron, mais jamais en raison de leurs besoins. »

Une autre circonstance, et l'on peut dire une anomalie au moins apparente de leur cannibalisme, c'est qu'ils ne le pratiquent point, comme on devrait le croire, dans les temps d'extrême disette, mais au contraire dans les moments de grande abondance. Ils se livrent alors à de véritables orgies de nourriture ; la fureur des entrailles s'allumant chez eux par un commencement de jouissance, ils arrivent à trouver fades et insuffisants les aliments végétaux et le poisson. Ils ont faim de chair, de vraie chair succulente où l'on morde à pleines dents ; une sorte d'ivresse les saisit ; le choix de la victime est alors bientôt fait ; l'orgie se termine par le meurtre et par un horrible festin ; après quoi ils retombent dans leur apathie et dans leur indolence ordinaires.

On n'avait, jusqu'au voyage de d'Entrecasteaux, que des données très vagues sur la position, le nombre, l'existence même des îles situées à l'est de la Nouvelle-Calédonie. Ce navigateur en reconnut l'extrémité septentrionale, c'est-à-dire l'île

Uvéa, et il donna au groupe entier, dont il ignorait la composition et l'importance, le nom d'îles Beaupré. Comment et par qui ce nom français a-t-il été changé en celui tout anglais de Loyalty? J'avoue que je n'en sais rien, et qu'il ne m'a point semblé urgent d'approfondir cette question. Il paraît cependant que la position de ces trois îles aurait été déterminée avec une certaine précision, d'abord en 1800 par les officiers du navire anglais *Walpole*, puis en 1803 par ceux du *Britannia*. Dans la relation de Dumont d'Urville, qui, en 1827, reconnut le premier avec exactitude les trois îles Loyalty, celle du sud est appelée île Britannia, celle du centre île Chabrol, et celle du nord île Halgan. On leur a restitué depuis, avec raison, selon moi, leurs noms kanaks de Maré, Lifou et Uvéa.

Mon auditeur qui, comme on voit, m'avait laissé parler longtemps sans m'interrompre, et que je soupçonnais de s'être un peu assoupi au bruit de mes paroles, me prouva qu'il m'écoutait avec une attention soutenue, en m'interrompant en cet endroit de ma lecture.

— Comment dites-vous cela? fit-il. On leur a rendu leurs noms...

— Kanaks; *k-a-n-a-k-s*. Quelques-uns écrivent, à la française, *canaques*.

— Est-ce qu'il y a une orthographe calédonienne?

— Ma foi, je ne crois pas; mais *kanak* semble plus... comment dirai-je?... plus *couleur locale*, probablement parce qu'il y a moins de lettres.

— Soit! Mais que signifie ce mot?

— C'est le nom que se donnent eux-mêmes les naturels des îles, ou du moins de plusieurs des îles de l'Océanie. On l'a retrouvé à Taïti, par exemple, si je ne me trompe; il signifie simplement *homme*. Mais on en a fait pour ces insulaires une appellation générique qui me paraît préférable à celle d'*Indiens*, qu'on a longtemps appliquée indistinctement à tous les sauvages de l'Amérique et de l'Océanie.

Il m'arrivera souvent, dans la suite, d'employer le mot *kanak* soit comme substantif, soit comme adjectif, au lieu de *Néo-Calédonien, sauvage, insulaire*, etc. Ainsi le nom kanak de la Nouvelle-Calédonie est Balade; mais on ne l'a conservé

qu'au port où Cook aborda pour la première fois,
et qui est situé sur la côte nord-est de l'île. C'est
aussi à Balade que s'établit, en 1843, la première
mission catholique française. La Nouvelle-Calédonie avait déjà été visitée par des missionnaires
anglais; mais ceux-ci n'avaient obtenu aucun
succès et avaient cru devoir, provisoirement du
moins, renoncer à évangéliser les Kanaks.

On peut s'étonner qu'à l'époque dont je parle
aucune puissance européenne n'eût encore pris
possession de la Nouvelle-Calédonie et de ses dépendances. Il semble surtout que la France aurait dû mettre quelque empressement à planter
son pavillon sur ces rivages. L'expédition de Dumont d'Urville offrait pour cela une belle occasion, dont on n'eut garde de profiter. Deux autres occasions se présentèrent : en 1842, lorsque
la France s'empara des îles Marquises; et l'année
suivante, quand elle prit sous sa protection, ou
mieux, sous son protectorat, Taïti et Aïmeo.
Puisqu'en ce même temps un navire de notre marine déposait à Balade des missionnaires français,
il était non seulement du droit, mais du devoir de
celui qui commandait la station de les mettre
sous la protection de notre drapeau et de nos soldats. On n'en fit rien, soit par une inconcevable

négligence, soit plutôt parce qu'on craignait de
donner de l'ombrage à la jalouse Albion. Notre
gouvernement d'alors avait tout l'air de se tenir
modestement et galamment à l'écart pour laisser
à S. M. la reine Victoria le loisir de s'emparer,
si tel était son bon plaisir, de la Nouvelle-Calédonie.

« Messieurs les Anglais, tirez les premiers ! »

Chose extraordinaire, les Anglais ne tirèrent
point. On m'a dit qu'il y avait entre les deux puis-
sances un accord tacite, en vertu duquel ni l'une
ni l'autre ne devait, sous peine de *casus belli*,
mettre la main sur une possession également con-
voitée par toutes deux. C'est possible. Le fait
est que la Nouvelle-Calédonie est restée neutre et
inoccupée jusqu'en 1854. Les circonstances politiques étaient alors tout à fait changées. L'Angleterre avait toute sorte de motifs pour ne point
se fâcher contre la France, son alliée contre la
Russie. On était certain qu'elle laisserait faire
sans rien dire, et la Nouvelle-Calédonie devint une
colonie française. Mais, de 1843 à 1854, quel fut
le sort des missionnaires ?

Tout alla passablement pendant une couple

d'années. La gabare *le Bucéphale*, commandée par le capitaine de corvette J. de Laferrière, déposa à Balade, le 20 décembre 1843, cinq missionnaires : deux prêtres maristes, les pères Rougeyron et Viard, deux frères laïques et un ecclésiastique de Clermont, M. Douarre, vicaire apostolique de la Polynésie occidentale et évêque d'Amata *in partibus infidelium*. Ce prélat était le chef de la mission. M. de Laferrière ne négligea rien pour concilier aux missionnaires la bienveillance des chefs kanaks ; il reçut ceux-ci à son bord et à sa table avec mille politesses, leur fit des présents et rendit à chacun d'eux la visite qu'il en avait reçue. Le chef ou *téa* du canton de Balade, nommé Téa-Boma, voulut bien lui accorder toutes facilités pour le choix d'un emplacement convenable, qui lui fut, à la vérité, largement payé, ainsi que les matériaux destinés à la construction d'une habitation vaste et commode.

Cette habitation fut promptement bâtie ; les missionnaires s'y installèrent aussitôt, et l'évêque d'Amata, M⁰ʳ Douarre, inaugura le 25 décembre, jour de Noël, la prise de possession de son domaine apostolique. La messe fut solennellement dite au milieu d'une enceinte de grands palmiers, qui figuraient assez bien le chœur d'un temple

immense ayant pour voûte le ciel bleu. L'autel
était ombragé par un dais de feuillage, et les
oiseaux mêlaient leurs voix à celles des missionnaires et des assistants qui chantaient les hymnes
sacrées. Le commandant du *Bucéphale* avait fait
mettre tout son équipage sous les armes, afin
d'inspirer aux habitants une crainte salutaire de
la puissance française. Avant de s'éloigner, il eut
soin de glisser dans sa harangue d'adieu aux chefs
kanaks une phrase annonçant qu'avant cinq mois
un autre vaisseau plus grand que *le Bucéphale*
viendrait visiter l'île, afin de récompenser ceux
qui seraient restés les amis fidèles des missionnaires, et de châtier sévèrement quiconque aurait
mal agi envers eux. Puis, ayant regagné son bord,
il fit tirer neuf coups de canon en signe de salut,
avant de prendre le large.

Au bout de trois mois, les missionnaires durent
rebâtir à neuf leur habitation, que les vers avaient
ruinée et que des sauvages avaient bien un peu
essayé d'incendier et de piller ; ils avaient souffert
aussi de dures privations, obligés de cultiver à
grand'peine leurs champs d'ignames, de patates
et de taros (*colocasia esculenta*), et il leur arriva
plus d'une fois de se voir enlever leur récolte par
des bandits paresseux et affamés. Mais enfin ils

avaient réussi à apprendre à un certain nombre
de Kanaks à faire le signe de la croix, à réciter
des prières et même à chanter des cantiques. Ils
n'avaient, en revanche, obtenu qu'un très médio-
cre succès de leurs tentatives pour corriger ces
hommes de leurs vices et les détourner de l'anthropophagie. On a cité souvent ce mot d'un chef
à Mgr Douarre, qui essayait de lui faire entendre
que manger son semblable est une chose horrible
en soi et réprouvée de Dieu.

— Si Dieu le défend, répondit le chef, il faut
lui obéir; mais s'il dit que ce n'est pas bon, il
ne dit pas la vérité, car la vérité est que cela est
très bon.

Le capitaine de vaisseau Lecomte, qui visita
la Nouvelle-Calédonie en 1846, raconte, de son
côté, l'anecdote suivante :

Un jour, Bouarate, chef de la tribu Yenguène,
étant allé à Pouébo visiter son jeune beau-frère
Thindine, téa de Mouélébé, qui, dans ce moment-
là, éprouvait une grande pénurie de vivres, lui
tint à peu près ce langage :

— Que tu es maigre, mon pauvre ami, et que

ton ventre est creux! Moi, au contraire, je suis gras et bien portant. C'est que, vois-tu, je me nourris bien. A quoi donc te sert ton peuple? Fais comme moi, mange tes sujets, et comme moi tu auras de l'embonpoint et le ventre rebondi!

Thindine trouva le conseil fort sage et le suivit.

Dès ce moment, il mit, selon l'expression du capitaine Lecomte, son peuple en couple réglée, mangeant, en compagnie de sa femme et de ses intimes, au moins un de ses sujets chaque semaine.

J'ai dit que les Kanaks pratiquaient la polygamie. Un d'eux étant venu à la mission demander le baptême, le père Rougeyron lui fit, selon l'ordinaire, subir une sorte d'examen. Il l'interrogea sur le nombre de ses femmes; le Kanak avoua qu'il en avait deux.

— C'est une de trop pour être chrétien, lui dit le père.

Le Calédonien s'éloigna sans demander aucune explication. Il revint quelques jours après, sollicitant de nouveau le baptême. On lui répéta que, pour en être digne, il devait renvoyer une de ses deux femmes.

— Je n'en ai plus qu'une, répondit-il.

— Ah! très bien, mais qu'as-tu fait de l'autre?

— Je l'ai mangée.

O logique d'un homme de la nature!

Au mois de septembre 1845, la corvette *le Rhin,* commandée par M. Bérard, vint mouiller en vue de Balade, et les officiers furent agréablement surpris en apercevant, sur une hauteur, une maison construite à l'européenne, sur laquelle flottait le drapeau tricolore. On leur avait inspiré sur le sort de la mission les plus graves inquiétudes. De leur côté, les pauvres missionnaires, livrés à eux-mêmes depuis le départ du *Bucéphale,* saluèrent avec une joie facile à comprendre l'apparition du pavillon français, dont la vue produisit aussi sur les Kanaks un excellent effet, en leur montrant que les promesses et les menaces du capitaine de Laferrière n'étaient pas de vaines paroles.

Le Rhin apportait aux pères maristes d'abondantes provisions et, secours non moins précieux, un robuste et brave *bull-dog,* qui devait contribuer puissamment à leur assurer le respect de leurs ouailles. Ce chien reçut le nom du navire qui l'avait amené. Il était de belle taille, mais d'un caractère très vif, et il avait puisé je ne sais où — peut-être arrivait-il de la Louisiane ou de la Nouvelle-Orléans — des préjugés aristocratiques et une aversion marquée à l'endroit des *coloured men.* Il était prêt, au moindre signe de ses maîtres, à courir sus aux Kanaks qui venaient rôder autour de l'habitation, et à leur faire sentir la vigueur de ses mâchoires et la bonne qualité de ses crocs. Ces deux avantages furent promptement appréciés par les Kanaks. Ils conçurent pour le *bull-dog* des bons pères « une estime incroyable », et qui les mit bientôt

> Dans un ardent désir d'être de ses amis.

Ils le considéraient comme un personnage de grande importance, comme un *chef*, et plusieurs téas des environs vinrent lui présenter leurs hommages. L'un d'eux même lui apporta des présents et lui adressa une harangue dans laquelle il le priait humblement de l'honorer de sa bienveillance. Rhin accueillit cette démarche avec une réserve pleine de dignité. Il flaira dédaigneusement les ignames et les bottes de cannes à sucre que le chef venait de déposer à ses pattes, et passa lentement sa langue rouge sur ses lèvres, en laissant voir ses dents blanches et en regardant le sauvage d'une façon qui signifiait clairement ceci :

— Tu fais le bon apôtre : c'est fort bien ; mais s'il te prenait fantaisie de tenter contre nous quelque mauvais coup, tu sais comment tu serais reçu.

Plus tard, les missionnaires augmentèrent le nombre de leurs défenseurs ; mais Rhin demeura le chef de cette garnison canine, qui valait bien, pour protéger la mission, un poste de gendarmerie. Après la visite du *Rhin*, les pères maristes reçurent celle de la corvette *l'Héroïne*, puis d'une goélette appartenant aux missions de l'Océanie centrale, puis celle d'un caboteur anglais ; ce qui leur permit de faire venir de Sydney des graines, des vivres et des bestiaux.

Cependant de cruelles épreuves étaient réservées à ces courageux propagateurs de la foi chrétienne. La rivalité des missionnaires anglicans, es préjugés des naturels, une épidémie meurtrière qui vint ravager les tribus et que des superstitions aveugles firent attribuer à leur influence, soulevèrent contre eux des haines dont plusieurs furent victimes. La mission mariste de Balade a donc son martyrologe, en tête duquel figure le nom de Mᵍʳ Epalle, assassiné par les habitants de l'île Saint-Georges, le 16 décembre 1845.

A partir de ce moment, la situation des missionnaires devint de plus en plus dangereuse. En 1847, leur nombre s'était accru et ils avaient fondé un nouvel établissement à Pouébo. Au mois de juillet de cette année, une attaque furieuse des Kanaks, dirigée contre les hôtes de la mission de Balade, et dans laquelle périt un d'entre eux, le père Blaise, les obligea à chercher en toute hâte un refuge à Pouébo. Ici encore l'attitude des insulaires devint bientôt tellement menaçante, que les treize personnes qui s'y trouvaient réunies, et parmi lesquelles se trouvait un chirurgien de marine et trois matelots du navire *la Seine*, se crurent perdues sans ressource.

Ces malheureux allaient se livrer à leurs meurtriers, lorsque tout à coup une voile parut à l'horizon. C'était la corvette *la Brillante*, commandée par le capitaine Dubouzet. Grâce à son énergique intervention, toute la colonie put être amenée à bord ; mais plusieurs hommes furent blessés grièvement dans la lutte qui s'engagea entre nos marins et les indigènes. Le 20 août, M. Dubouzet opéra une descente afin de châtier les indigènes. Ceux-ci se réfugièrent dans les montagnes, où l'on ne put les atteindre, et il fallut, pour toute punition, incendier les cases de leurs chefs.

Chassés de la Nouvelle-Calédonie, les missionnaires, loin de se rebuter, essayèrent de fonder un nouvel établissement à l'île Halgan (Uvéa) ; mais ils ne tardèrent pas non plus à en être expulsés par la féroce hostilité des habitants. Ils allèrent alors rejoindre quelques-uns de leurs frères qui, plus heureux, avaient réussi à s'établir dans l'île des Pins. C'est seulement en 1853 qu'ils ont pu revenir à la Nouvelle-Calédonie et s'y établir définitivement, non pas toutefois sans avoir à y surmonter bien des obstacles et à y braver bien des périls.

III

Nous arrivons enfin à la prise de possession d
la Nouvelle-Calédonie et de ses dépendances. Cet
acte important fut accompli, le 24 septembre 1853,
par le contre-amiral Febvrier-Despointes, commandant en chef des forces navales françaises
dans l'océan Pacifique, conformément aux instructions du ministre de la marine.

Le pavillon tricolore fut arboré solennellement
à Balade, en présence des officiers de la corvette
à vapeur *le Phoque* et des missionnaires français.
Il fut également arboré, le 29 du même mois, sur
l'île des Pins. Je n'ai pu savoir au juste à quelle
époque avait eu lieu la prise de possession offi-

cielle des îles Loyalty ; mais ce détail est, je crois,
sans importance. L'occupation française et la fré-
quentation assidue des Européens seront peut-
être, dans l'avenir, un bienfait pour les indigènes
de la Nouvelle-Calédonie et des îles voisines ; mais
il faut avouer, à la honte de la civilisation, que
nos premiers rapports avec les insulaires n'ont
pas été plus avantageux pour eux qu'honorables
pour nous, et que leur résultat le plus clair a été
d'accroître dans une notable mesure, par l'introduction des armes à feu, des boissons spiritueuses,
du tabac, et par un commerce sans moralité, la
somme, assez grande déjà, des vices, des mau-
vaises habitudes et des maladies qui régnaient
dans l'archipel.

Les missionnaires firent de leur mieux pour réparer, dans les districts soumis à leur action, le
mal causé par les troqueurs et les pillards ; mais
ils n'y réussirent que très médiocrement, comme
vous avez pu en juger. L'autorité militaire — ou
maritime, c'est tout un — qui, dès l'origine de
l'occupation, fut investie de tous les pouvoirs, n'a
été jusqu'ici ni mieux inspirée ni plus heureuse.
Les rares *civilians* — presque tous étrangers, la
plupart anglais — qui sont venus s'établir dans
le pays, bien plus pour l'exploiter que pour le

coloniser, ne sont pas, en général, des modèles
d'austérité ; les matelots et les soldats de marine,
qui forment en majeure partie la population flot-
tante, ne se piquent pas, dans leur manière de
vivre, d'une sagesse exemplaire, et ils montrent
plus volontiers aux indigènes le chemin du caba-
ret que celui de l'atelier, de l'école ou de l'église.
Enfin l'élément militaire appartenant aux compa-
gnies disciplinaires et l'élément emprunté au personnel de la transportation, bien que limités et
surveillés dans leurs rapports avec les habitants
libres, n'étaient pas de nature à favoriser parmi
ces derniers les vertus privées et sociales. Aussi
les premières années de notre occupation ont-
elles été d'un augure assez peu favorable pour
l'avenir de la colonie.

De 1853 à 1862, on peut dire que la Nouvelle-
Calédonie n'eut pas de gouvernement régulier. On
étudiait la question. Voulait-on essayer, dans
cette colonie vierge, un système différent de celui qui avait été suivi jusqu'alors dans toutes nos
autres possessions d'outre-mer? Songeait-on, par
exemple, à inaugurer un essai sérieux du gouvernement civil? Oh! que non pas! le gouvernement
des *habits noirs*, fi donc! Eh! que seraient devenus les officiers de marine, pour qui le service

des stations navales est, en temps de paix, à peu près le seul moyen de monter en grade, et qui trouvent dans le gouvernement des colonies et non ailleurs une diversion à leur monotone carrière et l'occasion de déployer leurs talents administratifs, politiques et stratégiques!

On s'occupait donc uniquement de savoir si la Nouvelle-Calédonie serait dirigée — on dit mieux *commandée* — par un chef particulier, ou si elle ferait partie d'un commandement général réunissant sous son obéissance toutes les possessions françaises de l'Océanie; si le gouverneur serait le commandant même de la station navale, ou un autre officier spécialement délégué par le ministre; si le siège de son pouvoir serait à terre ou à bord du vaisseau amiral... Voilà les graves questions qu'il s'agissait de résoudre. On y employa près de dix années, pendant lesquelles chacun des expédients que je viens d'indiquer fut tour à tour essayé, mais d'une façon tout empirique, sans méthode et selon le caprice des circonstances.

Au mois de janvier 1854, M. Tardy de Montravel, commandant la corvette *la Constantine*, vint à Balade, où se trouvait déjà *le Prony*. Cet

officier était muni de pouvoirs très étendus. On
peut le considérer comme le premier gouverneur
de la Nouvelle-Calédonie, bien que — autant que
je sache — il n'en eût pas le titre. Il confirma sa
prise de possession en la notifiant aux principaux
chefs indigènes, et se mit à explorer avec soin
tout le littoral, afin de désigner les points qui lui
paraîtraient le mieux réunir ces deux conditions
indispensables à nos premiers établissements :
abri sûr et d'un accès aussi peu dangereux que
possible pour les navires ; facilité de la défense,
tant contre les agressions des indigènes que contre les attaques par mer en cas de guerre avec
une puissance maritime. Sous ce double rapport
la baie de Nouméa, parfaitement abritée par l'île
Nou, accessible sans trop de risques par les passes de Uitoe, de Dumbea et de Bulari, et entourée de collines élevées, du haut desquelles on
domine à la fois la mer et les vallées du littoral,
— la baie de Nouméa, dis-je, offrait une situation admirable. M. de Montravel n'hésita pas à la
choisir comme lieu de notre principal poste naval
et militaire. L'expérience a prouvé qu'il avait
raison.

Malheureusement M. de Montravel ne songea
point que ce « point stratégique », à raison de

la présence du gouvernement et de la plus grande
sécurité offerte aux habitants, deviendrait forcé-
ment le chef-lieu, la principale ville de la colonie. Une ville destinée à se développer, non par
la guerre, mais par le commerce, par l'industrie,
par le bien-être, exige autre chose qu'un bon
port et de bons ouvrages de défense. Elle exige
d'abord de l'espace, un terrain sur lequel elle
puisse s'étendre, élever des constructions, tracer
des rues qui elles-mêmes se relient à des routes,
de manière à assurer entre la ville et le reste du
pays des communications actives et rapides. Ceci
déjà manque à Nouméa, étroitement resserrée
entre un marais et des montagnes. Ce n'est pas
tout. Sous quelque climat que ce soit, et à plus
forte raison sous les tropiques, une ville a besoin
d'eau, de beaucoup d'eau, — j'entends d'eau
douce, potable, salubre, et non saumâtre, séléni-
teuse ou croupissante.

Or Nouméa se trouve précisément, sous ce rapport, dans la partie la plus déshéritée de l'île, —
qui partout ailleurs est très largement arrosée. Il
faut aller à dix kilomètres, au Pont-des-Français,
pour trouver, non pas une rivière, mais un très
modeste ruisseau. On en est donc réduit à recueillir, quand il pleut, l'eau qui s'écoule des toits des

maisons. D'où la nécessité d'entretenir ces toits
dans un état de propreté immaculée; ce qui a
conduit le gouvernement à lancer un décret de
proscription contre les pauvres oiseaux et à inter-
dire rigoureusement l'introduction des pigeons.
On a essayé de creuser des puits; mais on n'a
rencontré de l'eau qu'au niveau de la mer, et c'est
une eau dont on ne peut guère faire usage que
lorsqu'on a besoin de se purger. L'eau de pluie
n'est abondante que pendant l'hivernage. Il faut
n'en user alors qu'avec parcimonie et la mettre
en réserve pour la saison sèche. On avale alors,
avec le liquide, tout un monde d'animalcules fré-
tillants et grouillants, qui multiplient à l'aise dans
les réservoirs.

On a eu l'ingénieuse idée de faire pour les habitants de Nouméa ce qu'on fait pour l'équipage
et les passagers d'un navire : on s'est mis à distil-
ler en grand l'eau de mer. C'est très joli, mais un
peu cher. M. J. Garnier a calculé que, pour suffire à la consommation très modérée d'une population de quinze cents âmes, en fournissant à chacun cinq litres d'eau par jour, les appareils à
distillation brûleraient pour soixante francs de
charbon de terre par jour; ce qui, ajouté aux
autres frais, donnerait une dépense quotidienne

d'au moins cent francs, ou une dépense annuelle
de trente-six mille cinq cents francs.

Et notez que la houille peut manquer, en attendant qu'on ait mis en exploitation celle qui se
trouve dans l'île, et dont l'abondance et la qualité
ne sont encore qu'hypothétiques ! Évidemment cet
état de choses est la condamnation du choix trop
exclusivement militaire fait, il y a vingt ans, par
M. de Montravel. Tôt ou tard Nouméa aura le
sort de Paris : elle sera décapitalisée au profit
d'un Versailles quelconque. M. André M... est
d'avis que, selon toute probabilité, ce Versailles
s'élèvera, avant peu, vers l'extrémité nord-ouest
de l'île, par exemple, sur la presqu'île Deverd.

— Le sud de l'île jusqu'à Nouméa, me disait-il,
est à peine cultivable. Le sol devient un peu meil-
leur de Nouméa à Ouaraï; mais cette région n'est
pas comparable à celle du nord-ouest. C'est au
nord qu'est l'avenir de la colonie ; c'est la région
de la canne à sucre, du coton, du café, des coco-
tiers, du bois de sandal; c'est celle de l'or : — car
on a déjà découvert à Moinghin, dans la vallée
du Diahot, près de Boudé, un joli filon du précieux métal, et il y a tout lieu de croire qu'on
trouvera de ce côté d'autres filons encore. Enfin,

ce qui n'est pas à dédaigner, cette extrémité de
l'île abonde en fruits, en gibier, en poisson. Chaque vallée a sa rivière, et la nature s'est chargée
d'y tracer des routes. Tandis que montagnes et
marais enferment Nouméa dans un étroit espace,
la ville que l'on construirait au cap Deverd pourrait grandir à l'aise, puisqu'au delà de la presqu'île même les plaines s'étendent à perte de vue.
Cette position est le centre des parties les plus
fertiles de la Nouvelle-Calédonie, et je ne doute
pas qu'on n'y voie bientôt s'élever une ville qui
deviendra rapidement florissante.

— Mais, objectai-je, pour devenir florissante,
il faut d'abord qu'elle existe. Or il est peu probable que le gouvernement consente à abandon-
ner sa résidence actuelle pour se transporter au
nord de l'île.

— Le gouvernement fera ce qu'il lui plaira, et
je sais que ce n'est pas de lui qu'il faut attendre
une initiative féconde. Mais sachez que c'est au
cap Deverd que nous nous proposons, nous, d'établir le siège de notre société. Dès lors les colons
viendront certainement se grouper autour de
nous ; les marchands y apporteront leurs denrées ;
nous établirons des communications rapides et

régulières entre notre ville et Nouméa. Celle-ci restera la capitale politique et militaire de la colonie ; notre cité sera la capitale industrielle, commerciale, et peut-être aussi littéraire, artistique et scientifique.

— Enfin, un petit San-Francisco... puisqu'il y a de l'or. Mais, dites-moi, y a-t-il de l'eau ?

— Ah ! j'avoue, répondit mon guide, que pour le moment il n'y en a guère. Mais nous en ferons venir. Les montagnes voisines nous en fourniront, à peu de frais, tant que nous en voudrons, de belle et de bonne, qu'il nous suffira d'amener par de petits aqueducs ; et comme cette eau viendra d'en haut au lieu de venir d'en bas, il sera facile d'avoir des jets sur les places et dans les jardins, et de la distribuer à tous les étages des maisons, — qui, du reste, ne seront pas bien hautes.

Au sujet de la découverte de l'or au nord de l'île, voici encore ce que m'a raconté M. André M...

— Cette découverte, me dit-il, était le grand événement du jour et avait mis toute la population en émoi, lorsque j'arrivai pour la première

fois à la Nouvelle-Calédonie. Tout à fait au nord,
sur la rive gauche du Diahot, à trente kilomètres
de l'embouchure, des *prospecteurs* venaient, disait-
on, de mettre la main sur un filon très riche, le
premier qu'on eût encore trouvé dans la colonie.
Pour bien comprendre l'importance de cette nouvelle, il faut savoir quelles sont les difficultés de
la *prospection* et ce que c'est qu'un prospecteur.
Si on ne l'a pas vu d'aussi près que nous, il n'est
pas facile de s'en faire une idée. Le prospecteur
est celui qui cherche l'or dans les régions où
l'existence de ce métal est encore à l'état d'hypo-
thèse probable. Le plus souvent il est seul, car,
s'il trouve un filon, il tient naturellement à s'en
assurer la propriété avant d'en faire part à ses
parents, amis et connaissances. Il s'en va donc,
portant sur son dos une pelle, une pique, un *dish*,
c'est-à-dire une petite cuvette en zinc, et un fusil
ou un revolver, ou mieux encore l'un et l'autre :
car le pays est désert ; et quand même l'île est
pacifiée, il est toujours prudent d'être sur ses
gardes, surtout dans les « terres de l'or ». Comme
le « chasseur diligent » de l'opéra, notre prospecteur « part dès l'aurore ». Il marche tout le
jour, escaladant les montagnes, passant les ri-
vières à gué ou à la nage, piochant et lavant la
terre de place en place. Un peu de biscuit, avec

de l'eau ou du thé, voilà son déjeuner, son dîner et son souper. Quand la nuit le surprend, il dort sur la dure, en plein air, dévoré par les moustiques ou trempé par la pluie. Le lendemain, il se remet en campagne, et cela peut durer ainsi pendant des semaines, quelquefois pendant des mois.

Souvent, après tant de fatigues, il ne trouve rien ; ou il trouve seulement *la couleur*. *La couleur*, c'est bien l'or, mais l'or en quantité si faible qu'il ne payerait pas les frais d'extraction. Déjà, en Nouvelle-Calédonie, on avait trouvé la couleur. Cette fois, c'était bien l'or que venaient de découvrir Piper, Hook, Bailly et Berguis. Car ils étaient quatre, qui depuis six mois *prospectaient* dans les solitudes de l'île, n'ayant pour toute nourriture qu'une chétive ration qui leur avait été allouée par le gouvernement.

« Le 15 août 1870, vers midi, ils venaient de s'asseoir, harassés, découragés, au pied d'un *niaouli,* — l'arbre le plus commun dans la contrée, celui que les botanistes appellent en grec *melaleuca leucodendron* [1]. Ils étaient au fond d'un

---

1. Mot à mot, *noir-blanc blanc-bois.* Il n'y a que les botanistes pour donner ainsi en deux mots la description d'une plante. *Noir-blanc blanc-bois :* on voit tout de suite à quel arbre on a affaire !

petit vallonnement, dont le sol ferrugineux était couvert d'une herbe sèche. Ils n'avaient plus de vivres que pour un jour et toutes leurs recherches avaient été infructueuses. L'un d'eux, tout en détrempant son biscuit dans de l'eau, remarqua sur le flanc de la coline, à une vingtaine de mètres au-dessus de lui, une terre brûlée qui n'avait pas encore été examinée. Il remit son *dish* à un Kanak qui l'avait suivi, et lui fit signe d'aller le remplir de cette terre. Quand le Kanak revint, on se mit à laver. L'or apparut aussitôt : non pas à l'état de *couleur*, mais en paillettes, en pépites! Toute la petite troupe courut au point désigné et, après un travail de plusieurs heures, mit à découvert un riche filon.

« Par un arrêté du 6 août 1869, le gouvernement avait promis une concession gratuite de vingt-cinq hectares à la première personne qui découvrirait l'*or exploitable*. Nos quatre chercheurs réclamèrent ce prix, qui leur fut accordé le 14 décembre 1870. Ils se mirent de suite au travail, et retirèrent de cinq à vingt onces d'or fin par tonne de terre, ce qui est un rendement énorme. En Australie, de grandes fortunes ont été faites dans des *claims* qui ne donnaient qu'une demi-once par tonne. Bientôt la nouvelle parvint

à Sydney, et le navire *Au Revoir* partit de ce port
avec une soixantaine de mineurs. Malheureusement la concession accordée à Piper, Hook, Bailly
et Berguis était tellement considérable, qu'elle
ne permettait à personne de profiter du filon que
ces heureux mortels avaient découvert. Il fallait
en chercher d'autres, se résigner, en vue d'un résultat peut-être chimérique, à toutes les misères,
à tous les hasards de la *prospection*. Le découra-
gement s'empara des arrivants. Ils remontèrent
sur le navire qui les avait amenés et retournèrent
à Sydney, fort mécontents, comme on peut l'ima-
giner. Il est cependant très probable que des recherches persévérantes, faites par des hommes
expérimentés, dans le nord de l'île, amèneraient
la découverte de nouveaux filons semblables à
celui de Moinghin. »

Si l'avenir de Nouméa est incertain, son passé
n'a rien de gai. Les commencements de notre
occupation furent extrêmement pénibles. M. Tardy
de Montravel eut pour successeur, en 1855,
M. Dubouzet, qui était à la fois gouverneur général des établissements français et commandant
de la subdivision navale de l'Océanie. Le premier
soin de cet officier, lorsqu'il arriva, en 1855, à
Port-de-France (c'était le nom que l'on avait cru

6

devoir donner au chef-lieu militaire, politique et maritime de la Nouvelle-Calédonie ; on l'a abandonné depuis, avec raison, à cause de la perpétuelle confusion à laquelle donnait lieu sa trop grande ressemblance avec Fort-de-France, et l'on est revenu sagement au joli nom indigène de Nouméa), le premier soin donc de M. Dubouzet fut de faire construire à Port-de-France une caserne et quelques autres édifices indispensables. Puis il se mit à visiter les côtes de l'île, et ce fut au retour de cette expédition que *l'Aventure* se perdit sur les récifs de l'île des Pins.

M. Dubouzet montra, dans ce naufrage, beaucoup de sang-froid et de présence d'esprit, et tout l'équipage fut sauvé grâce aux secours des missionnaires établis à l'île des Pins et de leurs néophytes. Puis le commandant, que sa grandeur, loin de *l'attacher au rivage*, en tenait nécessairement éloigné, laissa le gouvernement particulier de la Nouvelle-Calédonie à un chef de bataillon d'infanterie de marine, M. Testard. Ce dernier donna les premières concessions de terrain à des colons qui vinrent s'établir dans le voisinage de Port-de-France. Il concéda également trois mille et quelques hectares à des missionnaires qui fondaient un nouvel établissement à Bulari, à dix kilomè-

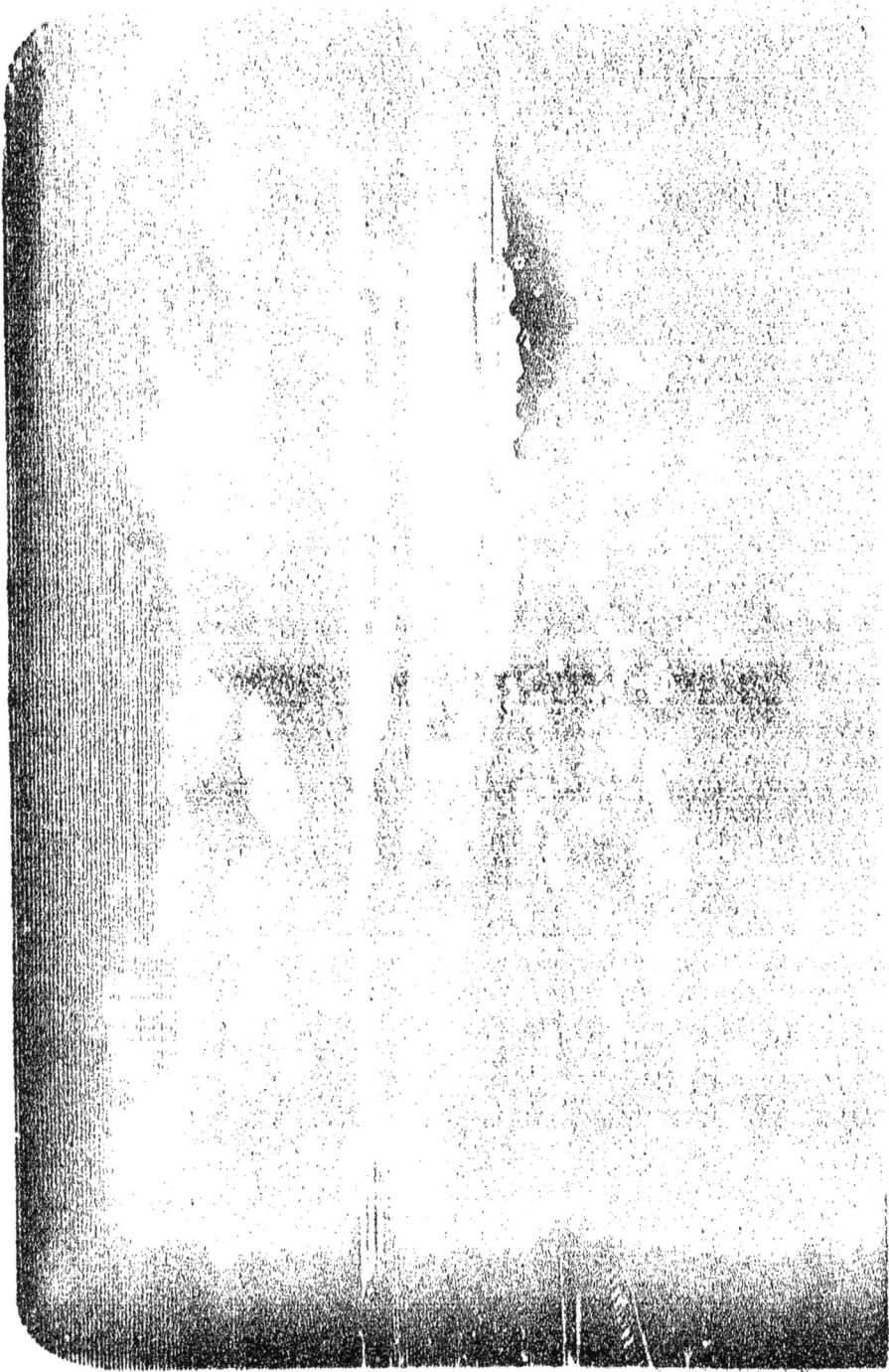

Nouméa.

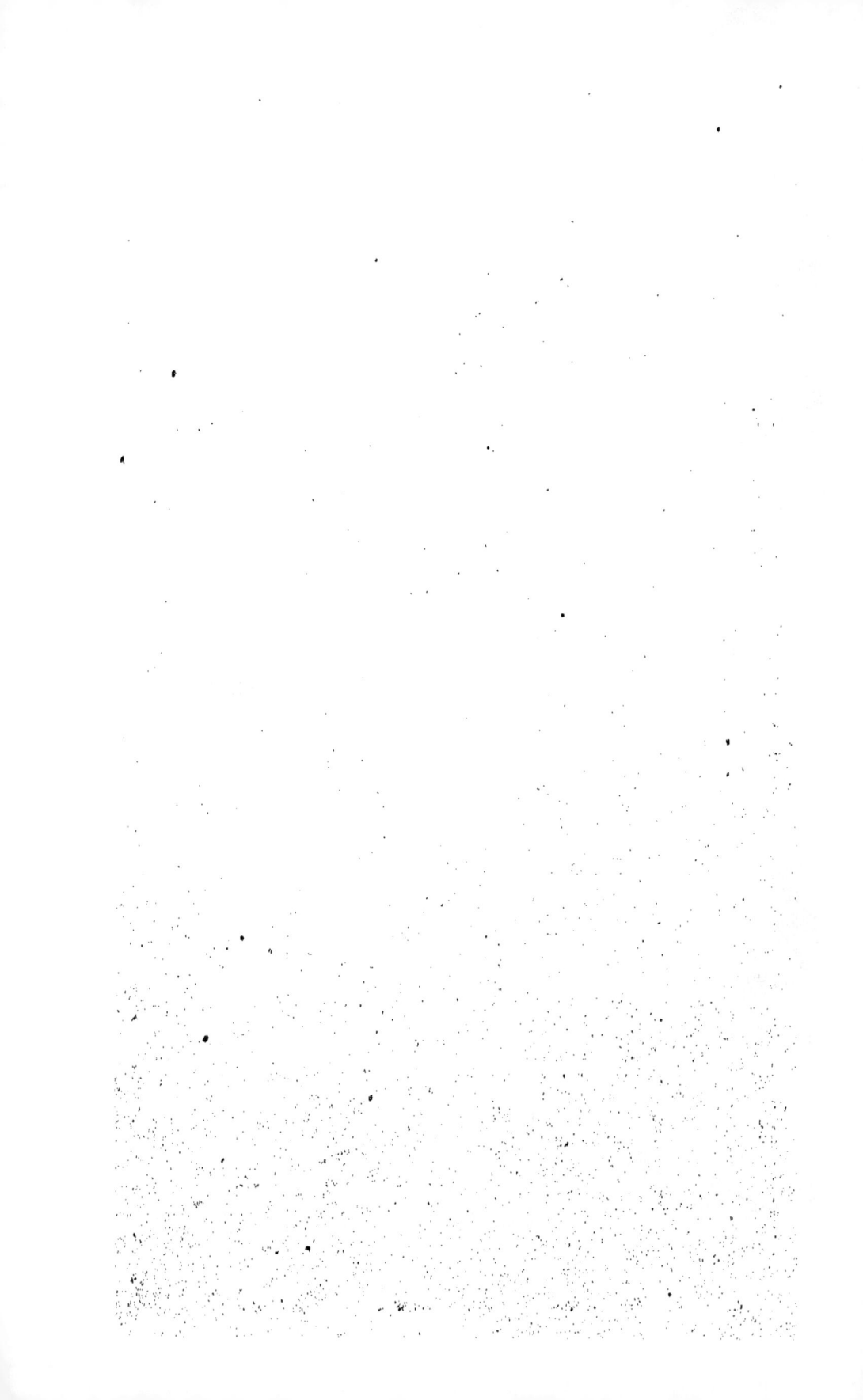

tres au sud de Port-de-France. Ces religieux —
toujours des *maristes* — fondèrent en cet endroit
un village, qu'ils baptisèrent du nom de Conception, et qui eut avec eux pour premiers habitants
cent cinquante indigènes amenés par le père Rougeyron, chef de la mission.

La population s'est accrue depuis d'année en
année, et ces Kanaks convertis ont rendu de
grands services pendant les premières années de
l'occupation, en guidant nos soldats dans leurs
expéditions. Des colons vinrent aussi, en 1856,
s'établir dans la belle vallée de Bulari, au pied
du mont d'Or, sur des terres qui leur avaient été
vendues par un chef indigène. Mais ils ne tardèrent pas à se voir obligés de fuir devant les attaques des sauvages, et de se réfugier à Port-de-
France. Quelque temps après, un ancien sous-
commissaire de la marine, M. Bérard, reprit possession du domaine abandonné. Il s'associa quelques autres Européens, commença une plantation
de cannes à sucre et monta même un moulin
qu'il avait fait venir de Sydney. Hélas! ces courageux pionniers devaient ajouter leurs noms à la
liste déjà longue des martyrs de la colonisation.
Après plusieurs manifestations hostiles, qu'on eut
sans doute le tort de ne pas prendre assez au sé-

rieux, les tribus du voisinage, commandées par
un chef nommé Kouinedo, attaquèrent d'abord la
Conception, où ils tuèrent trois de leurs compatriotes, devenus chrétiens, et quatre colons européens. Puis, le 19 janvier 1867, ils cernèrent
l'habitation de Bérard et le massacrèrent, ainsi
que les onze personnes qui étaient avec lui.

Ce crime fut le signal d'une longue guerre
contre les naturels, qu'il fallut relancer comme
des bêtes fauves dans les montagnes, les gorges
et les marécages du sud de l'île. En février 1868,
on réussit à surprendre dans les villages de l'intérieur Kouinedo et ses alliés. Toutefois ce ne fut
que deux ans plus tard qu'on put capturer deux
des assassins de Bérard et de ses malheureux
compagnons. On en fit bonne justice. Mais ce
n'est là qu'un des incidents de la lutte. J'en
pourrais raconter bien d'autres.

En mars 1856, sept pionniers européens qui,
de Kanala, sur la côte orientale, se dirigeaient
vers le nord de l'île, furent attaqués à Uaïlu. Six
furent tués; un seul parvint à se réfugier chez
les missionnaires de Ouagap. Mais l'épisode le
plus tragique de cette histoire, assez monotone
d'ailleurs, est celui du *Secret*.

Massacre à la Nouvelle Calédonie.

Le Secret était un côtre qui, de Nouméa, se rendait vers le nord de l'île en longeant la côte. Il avait à bord plusieurs passagers et quelques hommes d'équipage. Un soir il se mit à l'abri dans une petite anse, n'osant se hasarder la nuit au milieu des récifs de corail. Le lendemain matin, il n'y avait plus à bord un seul homme vivant. Tous avaient été égorgés. On ne douta point que l'instigateur, sinon l'auteur même de cette horrible boucherie, ne fût un chef nommé Gondou, que sa force, son audace, sa férocité et son appétit de chair humaine avaient rendu la terreur du pays.

Dès que le gouverneur connut le drame épouvantable dont *le Secret* venait d'être le théâtre, il mit sur pied toutes les forces dont il pouvait disposer, afin d'infliger au monstre et à ses complices un châtiment proportionné à l'énormité de leur forfait. Mais la tâche était pleine de difficultés et de périls. Il fallait, pour arriver jusqu'aux repaires des cannibales, traverser des forêts impénétrables, gravir des montagnes abruptes, se glisser dans des ravins où chaque pas était un danger. Cette marche longue et pénible s'effectua sous une pluie torrentielle. On arriva enfin à l'entrée d'une vallée où s'élevaient de magnifiques bouquets d'arbres, que les guides signalèrent à nos officiers comme la demeure de la tribu ennemie. Nos soldats attaquèrent le village à la baïonnette, lardant par l'étroite ouverture des huttes les sauvages qui se cachaient à l'intérieur, fusillant à bout portant ou assommant à coups de crosse ceux qui s'avisaient d'en vouloir sortir.

IV

Vous le voyez, je n'avais pas tort de dire que les actes de friponnerie dont se plaignait Labillardière n'étaient que des peccadilles. Après cela, vous me direz peut-être que ces insulaires sont chez eux ; que nous sommes pour eux des envahisseurs, des ennemis... J'avoue que si vous me poussiez un peu vivement sur ce chapitre, j'éprouverais peut-être quelque difficulté à vous prouver, par raison démonstrative, que nous sommes dans notre droit en allant aux antipodes nous emparer sans façon d'une île, parce que les habitants de cette île sont noirs au lieu d'être blancs, et vont tout nus au lieu de porter des culottes et des paletots, et que lesdits habitants sont dans leur tort en essayant de nous chasser.

— Ne parlons pas de politique, interrompit mon rédacteur en chef. Poursuivez votre récit, et tâchez, je vous en prie, de le mener bon train.

— Je ne demande pas mieux; d'autant qu'il me tarde de reprendre pied sur le *plancher des vaches*, et de vous faire parcourir un peu cette île où nous venons seulement d'aborder. Donc, pour abréger, je laisse parler un chirurgien de marine, témoin et acteur de nos luttes contre la sauvagerie :

« Jusqu'en 1859, dit cet écrivain, la ville de Nouméa fut un véritable camp. Il fallait y exercer jour et nuit une surveillance active. Ce n'était guère qu'un assemblage de quelques baraques, où logeaient le personnel militaire et quelques rares colons. Ces bâtiments provisoires étaient resserrés sur un espace étroit, car on n'avait pas cessé de craindre les attaques des naturels qui rôdaient aux environs. L'ennemi, habile à se glisser sous les herbes, s'avançait jusqu'aux limites de notre camp, et malheur à celui d'entre nous qui s'écartait et se laissait surprendre! Un coup de hache ou de casse-tête, asséné par derrière, l'étendait mort sans un cri. S'il n'était emporté ou mangé, on trouvait son corps suspendu à un arbre ou sa tête plantée au bout d'une pique.

« Nous pourrions citer un grand nombre de ces victimes : par exemple, le colon Alexis Redet, qui, tombé en plein jour dans une embuscade, fut massacré, et un guetteur qu'on assassinait à midi au sémaphore, c'est-à-dire à trois cents mètres du camp. Quelquefois on entendait tout à coup une détonation le soir, alors que nos soldats étaient assis autour des feux du bivouac. Un homme tombait, et il était inutile de chercher le meurtrier, dont la fuite était favorisée par l'obscurité et la végétation, — les naturels choisissaient surtout la nuit pour leurs attaques. Si, par mégarde, nos ouvriers oubliaient sur les chantiers des outils ou des instruments, on les retrouvait rarement le lendemain.

« La témérité des naturels nous tenait constamment en éveil. Une sentinelle avancée était postée près d'une petite ravine ; toujours le soldat placé dans cette position dangereuse voyait ou entendait ramper sous les bois de fer, et s'il n'eût pas été prompt à crier aux armes, il aurait été assommé par une main invisible. La souplesse et la hardiesse de nos ennemis étaient telles, qu'ils commettaient avec impunité les vols les plus audacieux. Ainsi, devant une case en paille où se trouvait un dépôt de marchandises, une garde d'infanterie avait été placée à quelques mètres ; les indigènes vinrent la nuit, firent un trou dans la hutte où ils pénétrèrent ; la plus grande partie de l'approvisionnement fut enlevée. Ce coup de main fut opéré avec tant d'adresse, que nos hommes ne le soupçonnèrent même pas. Une autre fois, une cinquantaine de naturels se ruèrent sur un poste de quatorze hommes à deux cents mètres du camp. L'attaque fut si brusque qu'il fallut livrer un combat corps à corps ; nos soldats n'eurent pas trop de tout leur sang-froid pour repousser ces hommes qui semblaient sortir de terre. »

Toutefois, l'hostilité des insulaires commençait déjà à se lasser lorsque, pour en finir, le gouverneur, M. le contre-amiral Guillain, résolut de recourir aux artifices de la politique. Il y avait alors aux environs de Nouméa un chef de tribu dont le nom kanak était Titéma, mais que les colons, qui étaient, pour la plupart, des Anglais venus d'Australie, préféraient appeler Watton. Il avait pris à la guerre contre nous une part assez active, et ne s'était sans doute fait faute ni de voler, ni d'assassiner des blancs, ni même d'en manger quelque peu. Mais il n'avait fait, en cela, que suivre les lois de la guerre telles qu'on les entend là-bas. Au demeurant, c'était un garçon pacifique, bon vivant, sceptique, n'ayant point de goût pour le rôle de héros et de martyr, et préférant à la gloire de mourir pour la patrie l'avantage de vivre tranquille et de s'enrichir par le trafic. Il s'entendait aux affaires, en avait fait naguère d'assez bonnes avec des négociants anglais et américains, et ne demandait pas mieux que de recommencer.

Et puis Titéma Watton était sensible aux bons procédés et pensait que les petits cadeaux entretiennent l'amitié. L'amiral Guillain s'en fit un allié actif et fidèle en lui offrant un chapeau et un habit de général. Cette parure brodée et galonnée, dont il s'empressa de s'affubler, lui donnait un air tout à fait imposant, et ne pouvait manquer de lui assurer le respect de ses sujets et la considération de ses amis, en frappant de terreur ses ennemis. On eut soin d'ailleurs d'encourager de temps en temps ses bonnes dispositions par de nouveaux présents; si bien qu'il devint pour la colonie naissante un auxiliaire pré-

cieux et un protecteur fidèle, tenant en respect
les Kanaks récalcitrants, faisant bonne garde avec
son monde autour de la ville, et donnant conti-
nuellement la chasse aux voleurs indigènes et aux
forçats évadés. Il lui arriva bien parfois, dit-on,
de mettre ses prises à la broche; mais que voulez-
vous? on n'est pas parfait; les habitudes héréditaires ne se perdent pas du jour au lendemain,
et celle de manger de l'homme est, à ce qu'il
paraît, une de celles dont on se défait le plus
malaisément.

Bref, on vint à bout, avec son aide, de pacifier
la partie sud-ouest de l'île, et les Kanaks de la
côte orientale, ne se sentant plus soutenus, prirent, eux aussi, le parti de renoncer à une lutte
qui ne pouvait aboutir qu'à leur extermination.

On peut donc considérer l'amiral Guillain
comme le pacificateur de la Nouvelle-Calédonie.
Par contre, c'est à l'administration de cet officier
que se rattache l'essai malheureux du système
pénitencier auquel j'ai fait allusion un peu plus
haut. L'amiral Guillain vint, au mois de janvier 1862, prendre possession du gouvernement
de la colonie. C'était un fervent adepte de l'école
sociétaire, ou, si vous aimez mieux, de l'école de

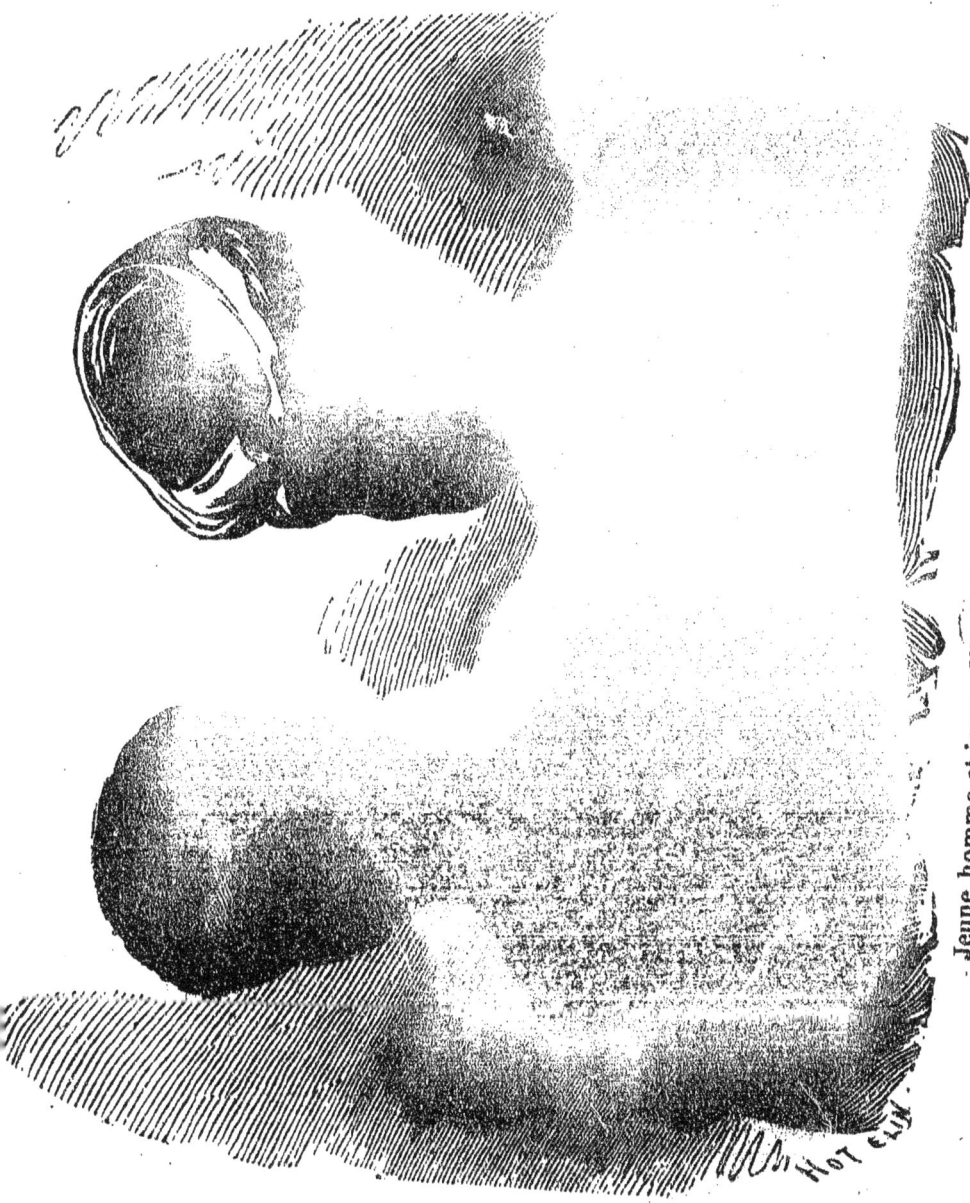

Jeune homme et jeune fille de la Nouvelle-Calédonie.

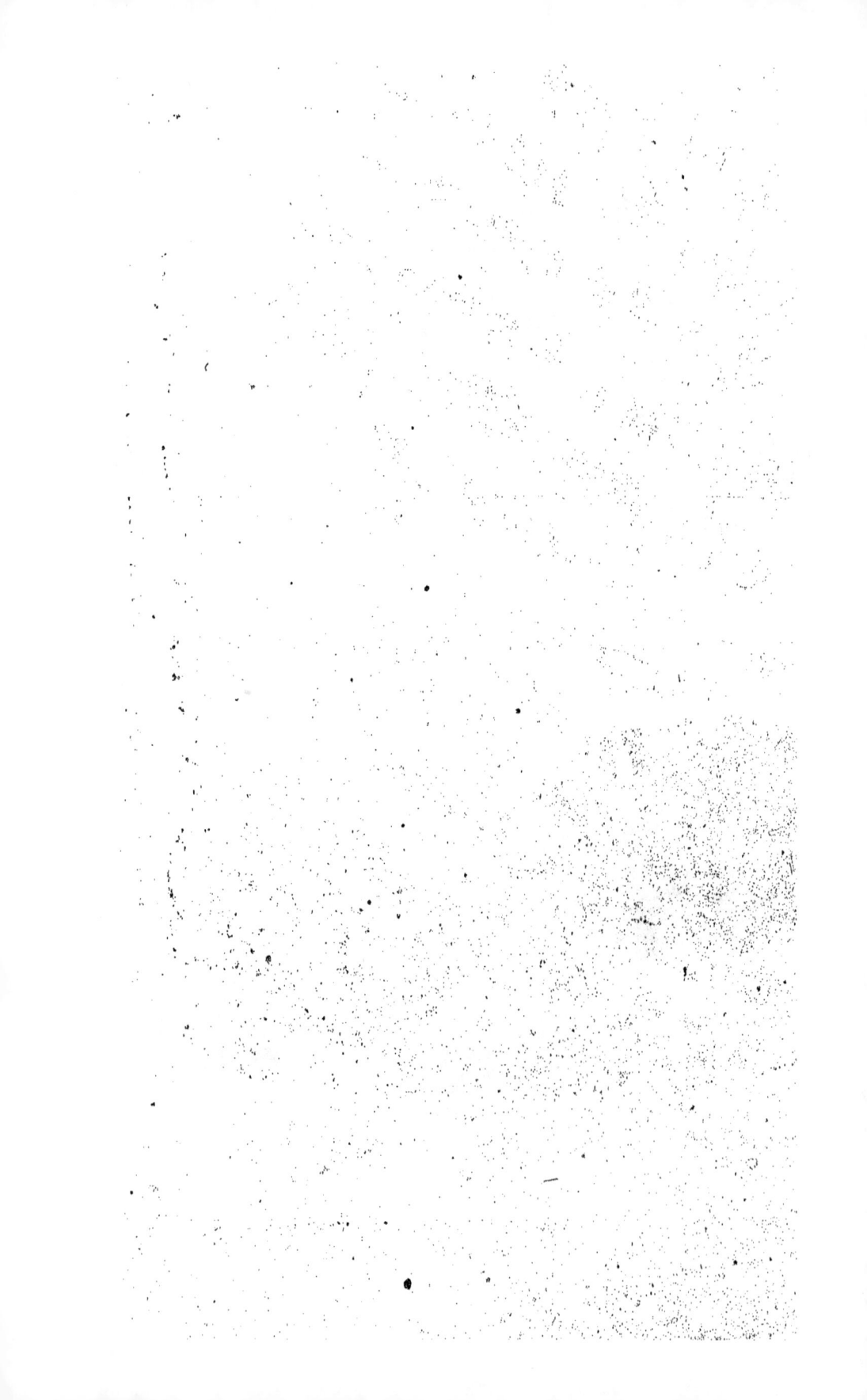

Fourier, et peut-être ses opinions bien connues en matière d'économie sociale ne furent-elles pas étrangères au choix dont il fut l'objet. Peut-être pensa-t-on *en haut lieu* que la colonisation d'un pays absolument neuf offrait une occasion favorable de vérifier par l'expérience une théorie qui a séduit, il faut bien le dire, bon nombre d'esprits fort distingués.

Le fait est que non seulement le contre-amiral Guillain ne fut en aucune façon gêné dans l'application de ses idées, mais qu'on lui donna même toutes les facilités imaginables pour mener à bien son entreprise philanthropique. Il commença non pas, comme on pourrait le croire, par une expérience *in anima vili*, c'est-à-dire sur les forçats, mais bien par l'essai d'une *commune sociétaire*, dont le personnel lui était fourni par l'émigration libre et honnête, ou réputée telle.

Au commencement de 1864, la frégate *la Sibylle* ayant amené un assez grand nombre de colons, M. Guillain en choisit vingt, représentant divers corps de métiers. « Il s'y trouvait, dit M. Jules Garnier, un papetier, un mécanicien, deux ferblantiers, deux forgerons, un tailleur de pierres, deux mineurs, un boulanger, un charpentier, un couvreur, un maréchal ferrant, deux briquetiers, un sellier, deux agriculteurs, et deux femmes qui suivaient la fortune de leurs maris. » On donna à cette petite troupe trois cents hectares de terrain dans la fertile et riante vallée qu'arrose la rivière Yaté, au sud-est de l'île. On leur fit, en outre, des avances considérables en bétail, volailles, graines, outils de toute sorte et instruments aratoires ; le tout sous la condition qu'ils travailleraient

> Groupés par phalange
> Dans un cercle d'attractions,

ou, en prose, qu'ils vivraient selon la règle du grand Charles Fourier ; en d'autres termes, qu'ils cultiveraient et exploiteraient leur fonds en commun, et qu'on ferait des produits de leur travail deux parts, dont l'une serait partagée également entre tous les associés, et l'autre serait divisée en parts proportionnelles au travail et au talent de chacun. La société était d'ailleurs gouvernée par un président, sous la surveillance d'un conseil élu.

Au moment d'embarquer à Nouméa pour Yaté les membres du futur phalanstère, l'amiral-gouverneur, qui élucubrait volontiers des discours humanitaires, leur en adressa un dont le texte ne

m'est pas parvenu, mais dans lequel il leur expli-
quait, je suppose, que « les attractions sont proportionnelles aux destinées », et il leur faisait un
tableau enchanteur des félicités dont ils allaient
jouir dans la cité de l'avenir. Hélas! les vingt pha-
lanstériens de l'amiral étaient sans doute indignes
de tant de bonheur; car, à peine étaient-ils ins-
tallés que la discorde vint élire domicile parmi
eux. Bref, « le moment de plus grande prospérité
de ces malheureux, dit encore M. J. Garnier, fut
celui de leur départ. Une année ou deux après,
ils durent se séparer pleins de défiance, d'aigreur,
de haine les uns contre les autres, non seulement
ruinés, mais endettés. Pourquoi ce résultat? Serait-
il vrai que l'homme ne se développe que par le
désir inné de s'élever au-dessus de ses semblables,
et qu'il perd son énergie aussitôt que cette émulation égoïste et condamnable lui fait défaut? »

— Eh! sans doute, cela est vrai, cent fois vrai,
répondrai-je à M. Garnier. Ce n'est pas la soli-
darité factice et systématique des écoles socialistes qui produit la fraternité : c'est l'indépendance,
c'est la liberté, c'est le *chacun pour soi, chacun
chez soi*. Si, au lieu d'associer d'autorité ces vingt
colons, on leur eût donné à chacun leurs quinze
hectares de terre en toute propriété, il est infini-

ment probable qu'ils eussent vécu en parfaite intelligence. On a voulu leur imposer la fraternité, ils se sont pris aux cheveux. C'était inévitable. Pourquoi donc M. Garnier qualifie-t-il de *condamnable* cette « émulation égoïste » qui seule donne à l'homme toute son énergie, toute sa valeur, qui lui commande le travail et l'épargne, et qui, en lui inspirant le respect de lui-même, lui enseigne aussi le respect d'autrui?... Comment un sentiment naturel et nécessaire peut-il être condamnable?... Mais, vous l'avez dit, cher patron, ne parlons pas politique.

M. Guillain n'a pas été plus heureux dans sa tentative d'amélioration et de réhabilitation des forçats, qu'il appelait, par un euphémisme flatteur, les « travailleurs de la transportation ». Il me faut bien, ici encore, rappeler en quelques mots les traits les plus saillants de ce fait historique, d'autant que la « question de la transportation » se lie intimement désormais à l'avenir de la Nouvelle-Calédonie.

Deux motifs principaux engagèrent le gouvernement impérial à adopter a Nouvelle-Calédonie comme lieu de transportation, de préférence à la Guyane, qui avait jusqu'alors servi à cet usage.

Le premier était que la Nouvelle-Calédonie est une île assez éloignée de tout continent pour que l'évasion et le retour en Europe et en France des condamnés soient absolument impossibles. Le second est la salubrité parfaite de son climat. La valeur de ces motifs est discutable à divers points de vue, et il y aurait sur ce sujet beaucoup à dire, — ailleurs que dans le journal. Ici je me borne au simple exposé des faits.

« Des études, dit un document officiel, furent ordonnées en 1859. Elles amenèrent la conviction qu'un essai pouvait être fait. Un décret du 3 septembre 1863 vint consacrer définitivement ce projet et ouvrir une nouvelle issue à la réforme pénale...

« Le premier convoi, composé de deux cent cinquante condamnés aux travaux forcés, astreints à la résidence perpétuelle, partit de Toulon le 2 janvier 1864, et arriva le 9 mai à Nouméa. Déjà le gouverneur avait choisi pour dépôt général l'île Nou, située en face de la rade de Nouméa, et à une distance assez courte pour permettre des communications fréquentes et rapides. Il trouvait dans cette disposition l'avantage d'assurer, d'une manière économique, la garde

et la surveillance des hommes, et en même temps
la sécurité de la population libre de la ville. Il
avait à sa disposition la main-d'œuvre qu'il desti-
nait aux travaux d'utilité publique... Le départe-
ment de la marine dirigeait, avec le premier
convoi, des approvisionnements importants en
vivres, effets et outils, une scierie mécanique
et des cases en fer. A leur arrivée, les hommes
restèrent casernés à bord le temps nécessaire
pour préparer des installations à terre. Ce
premier travail fut accompli rapidement, et huit
mois après des logements, des magasins, un hô-
pital et une chapelle étaient établis dans des conditions provisoires très suffisantes pour les premiers besoins, permettant d'installer le personnel
à terre.

« Le deuxième convoi, qui devait fournir les
moyens de procéder à des installations plus importantes, partit de France le 6 janvier 1866 et
arriva dans la colonie en juillet; il comprenait
deux cents forçats, dont trois moururent en
mer. »

Le même document, publié en 1867 par les
soins de l'amiral Rigault de Genouilly[1], nous ap-

---

1. *Notice sur la transportation à la Guyane française et à la
Nouvelle-Calédonie. In-4°*, Imprimerie nationale.

prend que les condamnés furent partagés, selon
leur degré... d'*honnêteté*, en quatre catégories. La
première comprenait les « meilleurs sujets » ; la
quatrième, naturellement, les plus mauvais, et les
individus de chaque catégorie étaient traités en
conséquence de ce qu'on en croyait pouvoir espérer ou craindre. Cette division devait, selon l'écrivain officiel « servir de point de départ à l'œuvre
de moralisation et de réhabilitation », qui était
un des rêves de l'honorable M. Guillain. Le premier soin de celui-ci, lorsque les premiers *convicts* eurent mis pied à terre, fut de leur adresser
une harangue où il faisait appel à leurs bons sentiments. Cette harangue fut écoutée dans une
attitude qui n'était peut-être que celle de l'éton-
nement ou même de l'hébétement, mais qu'il in-
terpréta dans le sens le plus favorable et qui lui
fit concevoir, sur le prochain retour au bien de
ces âmes égarées, les plus douces espérances.

L'année suivante, nouvelle visite, nouveau discours accompagné d'encouragements et de gra-
tifications. Les condamnés avaient été sages ; les
travaux s'étaient exécutés avec ordre et rapidité.
Tout allait bien. Mais voici qu'au mois de février 1866 deux prisonniers s'évadent. Ce n'était
pas difficile. La consigne était douce, la surveil-

lance paternelle, et le détroit qui sépare l'île
Nou de la Grande-Terre est assez étroit pour
qu'un bon nageur le traverse aisément. Les évadés ne pouvaient aller loin; mais ils pouvaient
commettre bien des méfaits avant qu'on réussît à
les rattraper. Les bons gendarmes n'étaient guère
capables de les poursuivre à travers les marais,
les montagnes et les forêts. On eut recours aux
indigènes qui, moyennant une récompense honnête, se montrèrent tout disposés à jouer le rôle
de limiers de police. Grâce à eux, au bout de
quelques jours, les deux *marrons* étaient ramenés
pieds et poings liés au pénitencier.

Ce fait, jugé exceptionnel, n'empêcha pas le
gouverneur de suivre son programme et d'autori-
ser les « ouvriers transportés » de la première
catégorie à s'engager chez les colons hors de la
ville. Cela se fait en Australie; cela se fait aussi
à la Guyane. On les astreignait d'ailleurs à certaines sujétions, afin qu'ils ne pussent se confondre avec le reste de la population, et qu'en cas
d'évasion ils fussent toujours faciles à reconnaître.

« Le jour même, dit M. Paul Merruau, où fut
donné ce nouveau gage de bienveillance, on appre-

nait l'évasion de six condamnés. C'en était trop.
Les fugitifs ayant été pris comme les précédents,
le gouverneur leur fit savoir que « sa longanimité
était à bout ». Le personnel du pénitencier fut
assemblé, la garnison appelée sous les armes ; en
sa présence, les évadés reçurent une correction
corporelle fort libéralement appliquée. Au bout
de deux ans, le système de réhabilitation par la
douceur était donc à vau-l'eau ; il fallait en revenir à la vieille méthode...

« En décembre 1867, le gouverneur pro-
nonça de nouveau un discours solennel. La force
des choses l'engageait à commencer par des re-
proches et de justes menaces. Il annonça donc
l'emploi des moyens de répression les plus éner-
giques pour le châtiment des incorrigibles ; mais
la suite du discours adoucit beaucoup la sévérité
de ce début. L'administration venait les mains
pleines de faveurs nouvelles... Plusieurs *convicts*
avaient fait preuve de bonne volonté, peut-être
simplement d'une adresse hypocrite ; on les mit
en liberté conditionnelle sur des terrains où ils
furent autorisés à travailler à leur compte, et
dont la propriété leur fut promise pour l'époque
de leur libération définitive. La superficie de chaque terrain était de deux hectares ; la concession

devait être doublée, si le condamné était marié
et si sa femme venait le joindre ; on en triplait
l'étendue au profit des ménages qui avaient plusieurs enfants. L'administration aidait ces nouveaux colons par des distributions de vivres, d'instruments aratoires, de semences et d'autres
secours[1]. »

M. Paul Merruau juge sévèrement les tentatives
philanthropiques de M. Guillain, et s'il se montre
trop acerbe dans la forme, peut-être, au fond,
n'a-t-il pas tout à fait tort. Le système de la
transportation en général, et son application à la
Nouvelle-Calédonie en particulier, soulèvent des
objections de plus d'une sorte. Il est certain, par
exemple, que le contact ou le simple voisinage
de quelques centaines de scélérats plus ou moins
bien gardés et surveillés n'a rien d'agréable pour
les honnêtes gens, et qu'il est fort malaisé de
faire marcher de front la colonisation péniten-
tiaire et la colonisation libre, l'une étant presque
absolument exclusive de l'autre. On a proposé —
M. André M... était de cet avis — de *transporter
les transportés* de l'île Nou, beaucoup trop proche

---

1. *Revue des Deux Mondes* du 1er novembre 1871 : *la Nouvelle-
Calédonie et la Transportation.*

de la Grande-Terre, à Lifou, la plus grande des
Loyalty, qui en est séparée par une distance respectable. Ce projet me semble très digne d'être
pris en considération.

La question générale se complique aujourd'hui
d'une question particulière très importante : celle
de la transportation politique. On ne songe pas,
je pense, à assimiler et à mêler les condamnés
de cette catégorie aux condamnés pour crimes
de droit commun. Il faut donc avoir deux colonies
séparées, trois peut-être, puisque la loi établit
dans la peine de la transportation deux espèces
distinctes : la transportation dans une enceinte
fortifiée et la transportation simple. Il n'y aurait,
ce me semble, aucun danger, aucun inconvénient
à ce que les condamnés à la déportation simple
fussent laissés libres à la Nouvelle-Calédonie...
Mais je m'arrête, afin de ne pas me laisser entraî-
ner encore sur le terrain brûlant de la politique.

J'ai dit, il y a un instant, qu'on avait recours
aux Kanaks pour reprendre les forçats évadés. Ces
sauvages possèdent assurément toutes les aptitu-
des requises pour cette besogne, qui cadre parfaitement avec leurs instincts chasseurs. Ils s'y
adonnent avec un entrain merveilleux ; mais vous

pensez bien qu'ils ne ménagent guère le *gibier*, et que l'appât de la récompense promise, s'ajoutant à leur férocité native, obscurcit parfois leur discernement. M. J. Garnier raconte comment une nuit, rejoignant son escorte, il faillit être assommé ou tout au moins fort maltraité par ses gens, qui le prenaient pour un *convict* en rupture de ban. Une aventure à peu près semblable est arrivée à M. André M... Il explorait seul, depuis plusieurs jours, des contrées désertes, et son costume était dans l'état le plus délabré. Un matin, après une nuit passée sur la dure, il se voit, au réveil, entouré d'une vingtaine de Kanaks, qui s'apprêtaient à fondre sur lui pour le garrotter, et qui ne s'arrêtèrent qu'en apercevant sa chaîne de montre et ses breloques. Tout sauvages qu'ils sont, ces insulaires s'étaient judicieusement avisés que le possesseur de ces ornements ne pouvait être un forçat évadé.

Et maintenant, cher maître, j'en ai, je crois, dit assez sur le passé et sur la situation présente de la Nouvelle-Calédonie. Il ne me reste donc plus qu'à reprendre la suite de mes impressions de voyage. Soyez tranquille, j'éviterai la prolixité ; j'aurai soin de passer sur les détails inutiles, de...

— Laissez donc d'abord les paroles inutiles, et me dites sans plus tarder ce que vous avez vu et entendu de curieux et d'intéressant dans ce lointain pays.

— C'est ce que je vais faire.

V

J'ai, vous le pensez bien, parcouru très rapidement la Nouvelle-Calédonie, et je ne vous apprendrais que bien peu de chose sur cette île et sur ses dépendances, si je me bornais à vous raconter ce que j'y ai pu voir.

Pour rapporter une somme présentable de renseignements capables d'intéresser vos lecteurs, j'ai dû procéder surtout par voie d'information. Quant à des anecdotes émouvantes ou piquantes, je n'en aurai point à vous narrer. Le temps n'est plus, là-bas, aux aventures héroïques ou romanesques, aux histoires d'embûches dressées ou évitées, d'attaques nocturnes, de prisonniers emme-

nés dans les repaires des sauvages, et délivrés
tout juste au moment où ils allaient être tués et
mangés.

Si l'œuvre de la colonisation est peu avancée,
au moins sommes-nous arrivés à la possession à
peu près paisible du pays. Les Kanaks semblent
avoir renoncé à nous la disputer. Ils ont pris le
parti fort sage de chercher à tirer profit, autant
que possible, de la domination des *Oui-Oui* (c'est
ainsi qu'ils appellent les Français), au lieu de
s'obstiner dans une lutte où ils n'auraient à gagner que des coups de fusil.

Cette résignation philosophique leur a été ren-
due facile par la légèreté et l'insouciance naturelles de leur caractère, et j'ajouterai par leur
vanité, presque aussi incorrigible que la nôtre.
Ceci, au premier abord, a l'air d'un paradoxe,
et pourtant rien n'est plus exact. Leur vanité est
telle, en effet, que ni nos vaisseaux, ni nos ma-
chines, ni nos armes à feu, ni les ressources immenses et multiples dont nous disposons, ni le
fait même de notre triomphante et irrésistible
installation dans leur pays ne les ont convaincus
de notre supériorité. Ces sauvages se considèrent,
eux aussi, comme le premier des peuples; eux

aussi estiment leur pays le plus beau et le meil-
leur pays du monde ; et la comparaison qu'ils
peuvent faire de leur état misérable avec notre
richesse et notre puissance ne les a pas désa-
busés ; au contraire. Ils font ce raisonnement,
qui n'est pas déjà si bête pour des sauvages,
et qui donne toute satisfaction à leur amour-
propre :

« Faut-il que nous soyons gentils, pour que ces
Oui-Oui soient venus nous trouver de si loin sur
leurs grandes pirogues ! faut-il qu'ils habitent un
pauvre pays pour qu'au prix de tant de fatigues
et de dangers ils viennent chercher chez nous
des vivres ! »

M. le docteur V. de Rochas, dans son excellent petit livre, *la Nouvelle-Calédonie et ses habitants*, raconte qu'un Néo-Calédonien qu'on avait
conduit à Sydney, et auquel on demandait ses
impressions sur cette grande et belle ville, répondit d'un air dédaigneux :

« Il y a beaucoup de cabanes, en vérité, mais
point d'herbe ! »

Et si l'on parle au Kanak de notre savoir, des

merveilles de nos arts, de notre industrie, il se
contente de dire :

« Les blancs ont leurs usages et leurs arts, et
nous les nôtres. »

Bref, les Néo-Calédoniens ont pris leur parti
de vivre à côté de nous, d'autant mieux que nous
ne gênons point leur liberté, que nous ne les mo-
lestons en aucune façon, et que nous ne leur de-
mandons rien pour rien. Ce n'est donc plus que
par accident qu'on a sérieusement maille à partir
avec les indigènes; et comme, avant de débarquer à Nouméa, je demandais à M. André M... si
l'on ne risquait pas, en parcourant l'intérieur de
l'île, d'être pris et mangé par ces cannibales :

« A peu près autant, me répondit-il, qu'à Paris
on risque d'être assassiné la nuit en rentrant chez
soi. Les beaux jours de l'anthropophagie sont
passés à la Nouvelle-Calédonie; elle ne se pratique plus que dans les guerres de tribu à tribu,
lesquelles deviennent d'ailleurs de plus en plus
rares. Tel que vous me voyez, ajouta-t-il, j'ai
exploré l'île en tous sens, tantôt seul, tantôt es-
corté par des Kanaks. Vingt fois il n'eût tenu
qu'à mes guides ou à mes hôtes indigènes de

m'assassiner pendant mon sommeil. Ils n'en ont
rien fait, et je suis tout prêt à courir de nouveau
le pays, sans croire en cela faire preuve d'une
bravoure téméraire. »

S'il faut, comme vous le voyez, rayer du programme d'un voyage à la Nouvelle-Calédonie les
aventures de guerre, le lecteur avide de récits
dramatiques ne doit pas espérer se rattraper sur
le chapitre des aventures de chasse. Les aventures de ce genre, en effet, exigent au moins
deux acteurs : le chasseur et le gibier. Or, à la
Nouvelle-Calédonie, le gibier est sinon rare, au
moins tout à fait innocent, et ce n'est pas certes
en chassant la roussette et le kagou que l'on peut
se flatter de recueillir les palmes de la gloire
cynégétique.

— Qu'est-ce que la roussette, et qu'est-ce que
le kagou?

— La roussette est la grande chauve-souris qui
constitue à elle seule toute la faune mammalo-
gique du pays; et le kagou est un pauvre gros
bêta d'oiseau aussi difficile à attraper qu'une oie
ou une dinde de nos basses-cours, et qui ne demande qu'à prendre rang parmi ces estimables

bipèdes domestiques. Je vous reparlerai tout à l'heure de l'un et de l'autre. Mais procédons avec ordre, si vous le voulez bien.

Il y a, en tout pays, quatre choses à considérer : en premier lieu, le pays lui-même, son sol, sa configuration, ses reliefs, son aspect, son climat; en second lieu, ses habitants; en troisième lieu, ses animaux, et en quatrième, les végétaux qui lui sont propres : ce que les naturalistes appellent la *faune* et la *flore*.

Premier point : je crois vous avoir dit que la Nouvelle-Calédonie n'a point cet aspect enchanteur par lequel d'autres contrées tropicales inspirèrent aux navigateurs une si vive admiration. Il ne vint point à l'idée des premiers qui la virent de l'appeler Floride ou Val-du-Paradis. Le nom qu'elle porte, et qui lui fut donné par Cook, rappelle les rudes montagnes et les paysages austères de la vieille Écosse. J'ai lu quelque part qu'un des navigateurs français qui l'explorèrent après Cook, — ce fut sans doute d'Entrecasteaux, — songea à lui imposer le nom de Nouvelle-Corse.

C'est, en effet, une terre essentiellement mon-

tagneuse, hérissée d'un bout à l'autre de pics, de
mornes, de plateaux, dont l'altitude maxima est
d'environ douze cents mètres, si je ne me trompe.
On peut la diviser en trois régions rappelant celles de l'Arabie : la région de l'est et du centre,
à laquelle conviendrait le nom de Nouvelle-Calédonie *heureuse;* celle du sud, qui serait juste-
ment dite *pétrée,* et celle du nord-ouest, qui mérite sinon la qualification de *déserte,* au moins
celle de sauvage ou d'inhospitalière.

La première est caractérisée par de belles vallées bien arrosées et parées d'une riche végétation; la seconde offre aux regards d'immenses
plateaux dénudés au sol rougeâtre, des scories
volcaniques, des rochers énormes jetés pêle-mêle
les uns sur les autres comme par des Titans qui
auraient tenté l'escalade du ciel. Entre ces rochers s'ouvrent des précipices cachés souvent par
un fouillis de branches et de lianes entrelacées
ou d'herbes en décomposition. A leur pied s'étendent des plaines nues dont le sol, formé d'une
argile ferrugineuse imperméable, conserve à sa
surface les eaux pluviales. De là de vastes marais,
de véritables *déserts d'eau,* qu'il n'est pas toujours
possible de traverser en une seule journée. Heureusement, et grâce à leur infécondité, ces plaines

noyées ne sont point pour le pays une cause d'insalubrité. On peut y gagner des rhumes, des *fratcheurs* ou des fluxions de poitrine ; mais on n'a
pas à craindre les fièvres miasmatiques qu'occasionneraient infailliblement des marécages proprement dits.

Enfin la troisième région, couverte d'épaisses
forêts, est, à l'heure présente, le dernier refuge
de la sauvagerie et du cannibalisme, l'asile des
anthropophages incorrigibles, des tribus insoumises et des forçats évadés. Il ne serait pas prudent
de s'aventurer dans cette partie de l'île, même en
nombre et bien armés, et l'on ne s'en rendra
vraiment maîtres que lorsque ses farouches habitants, cernés de toutes parts et privés de
toutes ressources, se verront réduits à demander
merci.

L'étude géologique de la Nouvelle-Calédonie est
d'un grand intérêt, au point de vue pratique autant que sous le rapport scientifique. Son sol,
presque exclusivement de formation plutonique,
renferme en effet des richesses minérales considérables. Sans parler de l'or, dont j'ai raconté plus
haut la découverte, mais qu'il ne faut pas trop se
flatter de remuer à la pelle, il ne manque pas,

dans cette île, de matières minérales dont l'extraction serait certainement très avantageuse. Le fer d'abord y est répandu à profusion. La plupart des maisons sont encore aujourd'hui construites en bois ; mais lorsqu'on aura amené dans la colonie des travailleurs en nombre suffisant, il ne tiendra qu'aux habitants d'élever de magnifiques constructions en briques ou en pierres de taille, et d'y prodiguer les marbres et la serpentine.

A Hienguène (ou Yenguène), sur la côte nord-est de l'île, on remarque deux énormes rochers qui ont été baptisés du nom de Tours-Notre-Dame, et qui paraissent n'être autre chose que de gigantesques blocs de marbre. Dans cette localité, ainsi qu'à Houagap et à Touo, il existe d'immenses gisements de très belle ardoise. La serpentine forme, en maint endroit, des bancs très étendus et parfois des montagnes entières. Le quartz constitue, au milieu des schistes, des steaschistes et des micaschistes, des lits et des filons puissants, et s'y présente sous les aspects les plus variés, tantôt sous forme de cristal de roche, tantôt à l'état opaque, laiteux ou rougeâtre. Le jade est depuis longtemps apprécié des naturels, qui en font des ornements pour leurs femmes. Ils faisaient autrefois aussi des colliers et taillaient leurs haches de combat (tomahawks) dans une pierre siliceuse de couleur verte, très dure et susceptible d'un beau poli. On avait fondé naguère de grandes espérances sur des gisements de houille qui se montraient presque à fleur de terre et qu'on supposait être à la fois d'une grande richesse et d'une exploitation facile.

Malheureusement, les recherches des ingénieurs, notamment celles de M. J. Garnier, poursuivies avec beaucoup de soin et de persévérance, n'ont pas justifié cette opinion. Il eût fallu, au surplus, que la Nouvelle-Calédonie fût prodigieusement riche en mines de houille pour pouvoir soutenir la concurrence contre l'Australie, qui fournit cette matière en quantités immenses, au prix de six shillings la tonne.

J'allais oublier de mentionner les eaux minérales et thermales, qui méritent d'être comptées au nombre des curiosités naturelles de la Nouvelle-Calédonie. Ces eaux se trouvent dans la partie sud de l'île ; elles tiennent en dissolution du carbonate de magnésie, qu'elles laissent déposer en abondance sur leur passage. Leur température est de 33 degrés centigrades. On a lieu de soupçonner qu'elles ne sont minérales que par intermittence.

Avant de passer des richesses minérales de la Nouvelle-Calédonie à ses productions végétales, il convient de parler de son climat, qui est assurément un de ses plus incontestables avantages.

A l'époque où j'arrivai à Nouméa, — c'était, vous vous le rappelez, dans les premiers jours d'avril, — on était à la fin de l'*hivernage,* qui correspond à l'hiver de l'hémisphère boréal, mais qui, sous le tropique, au lieu d'être la saison la plus froide, est au contraire la plus chaude et, en même temps, la saison pluvieuse. Le mois le plus chaud est celui de février, où le thermomètre monte souvent jusqu'à 35 et 36 degrés, à l'ombre, bien entendu, et en plein jour, c'est-à-dire entre midi et deux heures. La nuit, il ne descend guère au-dessous de 25 degrés. L'hivernage commence au mois d'octobre et débute généralement par des orages qui, toutefois, n'ont rien de terrible.

On m'a assuré qu'il est peu de pays où l'on entende aussi rarement et aussi faiblement gronder le tonnerre. Les pluies, dans cette saison, sont fréquentes et abondantes, mais non continuelles. C'est la saison des calmes; c'est aussi celle des vents irréguliers et des ouragans. Ceux-ci surviennent d'ordinaire en janvier, mais ils sont rares et n'ont point la violence de ceux qui visitent et dévastent si fréquemment les Antilles et d'autres contrées tropicales. Le vent dominant est alors l'alizé d'est-sud-est. Pendant la saison fraîche et sèche, qui correspond à notre été, la température se maintient entre les limites de 13 à 14 degrés pour la nuit, et 26 à 27 degrés pour le milieu de la journée. Le ciel est alors presque toujours d'une grande pureté; en sorte que les nuits sont fraîches et que le rayonnement terrestre donne lieu à d'abondantes rosées.

Cette saison d'ailleurs n'est pas absolument privée de pluies. Il ne se passe jamais un mois sans que l'atmosphère et le sol soient rafraîchis par quelques ondées bienfaisantes. Inutile d'ajouter que la gelée et la neige sont inconnues sous ce climat fortuné. Là aussi, je l'ai dit, point de fièvres paludéennes, encore moins de fièvre jaune. Quant au choléra, je ne sais s'il a visité jamais la Nouvelle-Calédonie; mais on peut affirmer que s'il y

est allé, ce n'a pu être qu'avec les navires européens.

En tout cas, il ne s'y est point implanté. Les
historiens de l'île ont parlé d'épidémies qui, à de
rares intervalles, auraient sévi parmi la population indigène ; mais ils n'en indiquent pas le caractère, et M. le docteur de Rochas n'en fait
point mention dans le chapitre qu'il consacre à
l'étude nosologique de la colonie. Ce n'est pas
que les indigènes des deux sexes jouissent toujours d'une santé très florissante. Ils sont, au contraire, sujets à un grand nombre de maladies.
Quelques-unes sont dangereuses, ou même mor-
telles ; plusieurs sont particulièrement hideuses et
répugnantes ; mais ces diverses affections ne doivent pas être imputées au climat. Toutes ou presque toutes ont pour cause le régime anti-hygié-
nique qui est lui-même la conséquence de la vie
sauvage. Il est probable que si Jean-Jacques Rous-
seau, avant d'écrire son fameux discours sur les
charmes et les bienfaits de « l'état de nature »,
avait pu faire un petit voyage à la Nouvelle-
Calédonie, il eût été obligé d'avouer que les
sciences et les arts ont du bon, et que s'ils dé-
pravent l'homme, au moins l'aident-ils à se mieux
porter.

D'abord on ne me persuadera jamais que, même sous un climat comme celui de la Nouvelle-Calédonie, l'habitude de ne pas se vêtir soit une habitude hygiénique. Ce n'est pas impunément que la peau humaine est exposée, sans protection d'aucune sorte, tantôt à l'ardeur d'un soleil brûlant, tantôt à la pluie ou à la poussière et, de plus, aux piqûres des insectes. Si encore les Néo-Calédoniens se lavaient! mais ils ne pensent à rien moins.

Ce n'est pas qu'ils craignent l'eau : ils nagent comme des marsouins, et il ne leur en coûte pas plus de traverser une rivière au gué ou à la nage que de tomber à la mer ou de s'y jeter, et d'y demeurer des heures entières; mais ils ne vont jamais à l'eau dans un but de propreté, et si aucune circonstance ne les y oblige, ils resteront volontiers des semaines et des mois sans se mouiller le corps ou le visage. Leur chevelure épaisse et laineuse est remplie de vermine qu'ils ne songent point à détruire, et qu'ils se contentent de manger quand ils n'ont rien de mieux à faire pour passer le temps. Aussi ces malheureux sont-ils voués, de père en fils et de mère en fille, aux maladies de la peau. L'*ectyma*, l'*impétigo*, l'*herpès*, l'*eczéma* sont les plus bénignes.

Leur négligence absolue des règles les plus élémentaires de l'hygiène, l'insouciance avec laquelle ils s'exposent tour à tour au froid et à la
chaleur, à la sécheresse et à l'humidité, l'insalubrité de leurs cases, où ils s'enfument comme des
harengs saurs, sous prétexte de chasser les moustiques, où ils laissent séjourner et pourrir toutes
les ordures imaginables, où ils couchent pêle-
mêle au milieu d'une atmosphère où il y a de
tout, excepté de l'air respirable ; leur régime alimentaire intermittent et insalubre, où des jeûnes
de plusieurs jours alternent irrégulièrement avec
des orgies de goinfrerie dont nous n'avons nulle
idée, où les substances les plus indigestes et les
moins nutritives tiennent souvent la place des aliments dignes de ce nom, où le sel enfin, ce con-
diment indispensable entre tous, n'entre que de
loin en loin, sous forme d'eau de mer : tout cela,
on le conçoit, n'est pas fait pour leur donner une
santé florissante.

Il ne faut donc pas s'étonner de ce qu'aux me-
nues affections cutanées dont j'ai parlé ci-dessus
viennent se joindre la tuberculisation (*carreau*
chez les enfants, *phtisie* chez les adultes), les
scrofules, la lèpre, l'éléphantiasis et des maladies ulcéreuses dont je vous épargne la descrip-

tion. Ils sont sujets, en outre, à une sorte de délire, qui revêt assez fréquemment la forme épidémique, et qui rappelle beaucoup la folie démoniaque des *possédés* du moyen âge et des convulsionnaires de Saint-Médard.

IV

J'ai parlé de l'alimentation des Kanaks. Les substances végétales y occupent la plus grande place, et pourraient suffire à les préserver de la famine s'ils étaient seulement un peu moins paresseux et moins imprévoyants. Ils ont la patate, l'igname, le cocotier, le goyavier; le *colocasia esculenta*, dont la racine féculente est désignée chez eux sous le nom de *taro*; le papayer, qui porte un gros fruit pulpeux dont la saveur peut être comparée à celle de notre abricot; le bananier et l'ananas, qui ont été, dit-on, importés par les missionnaires; la canne à sucre, et bien d'autres plantes dont ils mangent les fruits, les racines ou même l'écorce. Parmi les autres végétaux

dignes d'intérêt, qui abondent à la Nouvelle-Calédonie, il faut citer au premier rang le *niaouli (melaleuca leucodendron)*, que l'on rencontre à chaque pas dans l'île. C'est un grand arbre, d'un
aspect assez triste, et qui rappelle le bouleau.

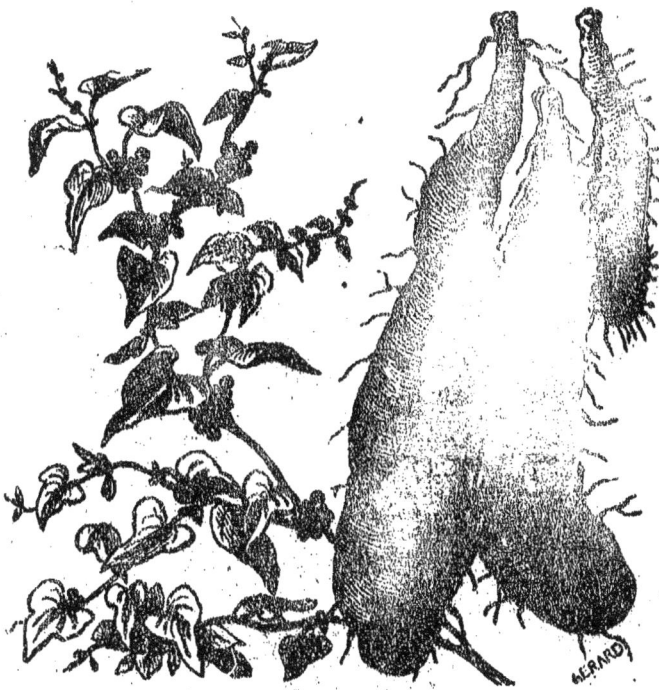

L'Igname.

Son tronc atteint quelquefois un mètre de diamètre ; sa feuille est aromatique et ressemble à celle
de l'eucalyptus. Son écorce est formée d'une cen-
taine de couches extrêmement minces et faciles à
séparer.

9

Cette écorce doit à la résine dont elle est im-
prégnée une imperméabilité parfaite, qui la rend
très précieuse pour recouvrir les cases et en ta-
pisser l'intérieur. Les naturels s'en servent aussi
pour faire des torches avec lesquelles ils éclairent

Le Manglier.

leurs marches nocturnes, et qui répandent une
très vive lumière. Le bois du niaouli est très beau,
très dur et d'un excellent usage pour les constructions. Cet arbre se plaît surtout dans les marais
d'eau douce. Son voisin le palétuvier, ou manglier *(rhezóphora mangle)*, est plus accommodant

encore; l'eau saumâtre et même salée ne lui fait
pas peur. Il vient plonger ses nombreuses racines
adventices jusque dans la mer. Les racines tiennent, comme des pilotis, le tronc élevé au-dessus
de l'eau, et forment, par leur entrelacement, un
réceptacle où viennent s'accumuler toutes sortes
de débris.

Le niveau du sol s'élève ainsi peu à peu; lorsqu'il dépasse celui de la mer, l'arbre meurt, se
décompose et fait place à une autre végétation.
Il en résulte que, grâce aux palétuviers, le rivage,
en certains endroits, gagne incessamment sur la
mer. On m'a montré, dans la baie de Saint-
Vincent, des îlots qui, de la sorte, ont rejoint la
côte et s'y sont pour ainsi dire soudés. Cette cu-
rieuse propriété de projeter dans le sol des racines aériennes appartient également, mais sous
une autre forme, au célèbre figuier des Banians
(*ficus religiosa*). Ici ce sont les branches mêmes
qui s'infléchissent vers la terre, s'y implantent,
se ramifient à leur tour, et peuvent former de véritables forêts.

J'ai parlé précédemment du pin colonnaire (ou
columnaire), qui a donné son nom à l'île Kounié,
et qui se trouve aussi à la Grande-Terre, où il

est cependant moins commun. Dans les parties
sablonneuses de l'île, le niaouli est en partie
remplacé par le *casuarina nodosa*, improprement
appelé *bois de fer*, quoique son bois soit aussi

Le Santal citrin.

très lourd, très pesant, et que les naturels en fas-
sent des casse-tête parfois très ar⸱ᵗistement tra-
vaillés.

Un arbre bien plus précieux, le sandal, ou plutôt santal citrin *(santalum album)*, était naguère

encore très abondant à la Nouvelle-Calédonie ;
mais il a presque complètement disparu aujour-
d'hui. par suite d'une exploitation aveugle et bru-
tale, excitée par les hauts prix que l'on obtenait
de son bois sur les marchés de la Chine. Le bois
du santal est compact, lourd, gras au toucher,
pénétré d'une huile à laquelle il doit sa saveur
amère et son parfum pénétrant, qui ressemble à
la fois à celui du citron, du musc et de la rose.
« Depuis quarante ans au moins, dit M. J. Garnier, les Anglais, connaissant l'abondance de ce
bois précieux en Calédonie, y venaient faire de
nombreux chargements. En échange, ils donnaient aux naturels des pipes, du tabac, des étoffes, voire des fusils et des munitions, objets dont
les chefs sont toujours si avides. Aussi ces derniers, peu soucieux de l'avenir, envoyaient-ils les
hommes de leurs tribus chercher sur tout le territoire les bois de sandal qu'on y pouvait trouver,
les faisaient conduire au rivage, et pour un fusil
à deux coups on en complétait la charge d'un
navire. C'est ainsi que, lors de la prise de possession, tous les arbres à sandal avaient été coupés.
Aujourd'hui on exploite les souches, qu'alors on
ne prenait pas la peine d'arracher. A Port-de-
France (Nouméa), débarrassé de son aubier, le
sandal se vend deux francs le kilogramme. »

M. Garnier conseille avec raison de faire de la
culture régulière du santal l'objet d'une industrie
qui, avec celles de la canne à sucre, du coton-
nier soit indigène, soit importé de l'Inde ou
d'Amérique, des essences gommo-résineuses, du
tabac, peut-être de l'indigo, deviendrait pour la
colonie une source de richesse considérable.

J'ai déjà signalé la pauvreté de la faune calédonienne, cause d'une vraie déception pour moi
qui me flattais de trouver là au moins des vipères
au venin foudroyant, des grenouilles ou crapauds
gigantesques, des iguanes, des caméléons, des
dragons volants, et surtout de jolis mammifères,
tels qu'on en voit en Australie : des opossums,
des phalangers, des dasyures, des phascolomes.
Hélas! rien, rien de tout cela. En débarquant à
Nouméa, j'ai rencontré des poules, des dindons,
des lapins, de vulgaires lapins de choux. Dans ma
première excursion à travers la *brousse* (savane
et, par extension, campagne), j'entendis tout à
coup à quelques pas de moi une sorte de mugissement sourd. Je saisis aussitôt mon fusil, et
m'adressant à M. André M..., mon obligeant et fidèle hôte et guide :

— Oh! oh! lui dis-je, qu'est cela?

— Un *notou,* me répondit-il en souriant de mon émotion et de mon air martial.

— Un notou, dites-vous? Avec un organe pa-

Le Notou.

reil, ce doit être un gibier respectable?... Pourtant, je ne vois rien...

— C'est que vous regardez en bas.

— Comment, en bas?... Je regarde autour de

nous dans les herbes, dans les broussailles ; — et rien ne remue.

— Regardez en haut, là sur ce niaouli... ne voyez-vous pas?

En ce moment le mugissement se répéta plus fort que la première fois, et je reconnus qu'effectivement il venait d'en haut. Mes yeux se portèrent alors dans la direction que M. M... m'avait indiquée, et je distinguai non sans peine, caché dans le feuillage, quoi?... un oiseau qui me parut être une espèce de pigeon, — mais un pigeon comme on n'en voit pas en Europe, — un pigeon monstre, un pigeon géant. — C'était bien cela, et j'appris que ce pigeon a été surnommé *Goliath*, précisément à cause de ses dimensions : il est presque aussi gros qu'un jeune dindon. A notre approche, celui qu'on venait de me montrer disparut comme par enchantement. M. M... me dit que c'est un gibier très recherché des Européens aussi bien que des indigènes, mais aussi très difficile à atteindre : d'abord parce que la couleur brune de son plumage lui permet de se dissimuler complètement au milieu des branchages et des feuilles ; ensuite parce qu'il est très défiant, qu'il a l'ouïe très fine, et s'enfuit au moindre bruit suspect. Il n'en est pas ainsi du pauvre *kagou*, dont je vous ai déjà dit un mot. Celui-ci est aussi un gros oiseau, mais très disgracié de la nature, et aussi incapable, la pauvre bête, de fuir ses ennemis que de leur résister; pourtant, nullement pol-

Le Kagou.

tron, — au contraire, et, tout inerme qu'il est, se jetant bravement, témérairement au-devant de l'agresseur qui menace sa femelle ou ses petits. Le nom kanak de *kagou* donné à cet oiseau *(rhinochetos jubatus* des ornithologistes*)* n'est autre

chose que la reproduction de son cri : *ca-hou!*
ca-hou! Voilà, dans la classe des oiseaux, les deux
plus gros gibiers de l'île, qui possède, du reste,
d'autres habitants ailés : hérons blancs, sarcelles,
poules sultanes, merles, tourterelles, perruches
aux brillantes couleurs.

En fait de mammifères, hormis la roussette,
grande chauve-souris ayant près d'un mètre d'en-
vergure, et une espèce plus petite de la même famille des cheiroptères, il n'y a pas d'autres bêtes
que celles que les Européens y ont amenées, et
entre lesquelles les rats et les souris sont sans contredit celles qui ont le mieux prospéré.

La roussette ou *vampire calédonien* a le corps
long de vingt-cinq centimètres environ. Sa tête,
qui ressemble en petit à celle du renard, est sur-
montée de deux oreilles courtes, garnies de longs
poils. Son œil est vif et intelligent; sa gueule est
armée de dents fort respectables; son corps est
revêtu d'une fourrure épaisse, mélangée de fauve
et de noir; ses ailes, comme celles de tous les
cheiroptères, sont formées par le prodigieux dé-
veloppement de ses doigts réunis entre eux avec
les bras et avec le corps par une membrane
mince, nue, lisse et noire, qui ressemble assez à

de la soie. Un seul de ses doigts, très court et resté libre, est armé d'un ongle fort, recourbé et pointu, qui lui sert à s'accrocher aux branches des arbres ou aux angles des rochers. C'est en se

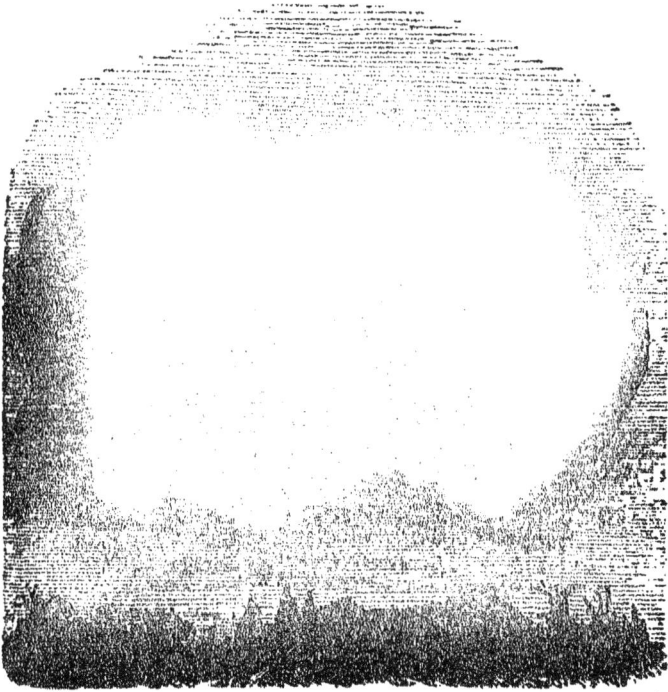

La Roussette.

suspendant ainsi et en s'enveloppant de ses ailes comme d'un manteau qu'elle dort le jour et une partie de la nuit, car ses mœurs sont essentiellement crépusculaires. La femelle ne met au monde qu'un seul petit à la fois, et elle le porte asse/

longtemps collé contre sa poitrine avant qu'il puisse se mettre à voler.

C'est pendant la période d'allaitement qu'il est le plus facile de les tuer tous deux, la pauvre bête ayant alors elle-même beaucoup de peine à voler.

La roussette habite de préférence les montagnes et les forêts. Je ne l'ai pas entendu accuser, comme ses congénères de l'Amérique centrale et méridionale, de venir sucer pendant la nuit le sang des voyageurs endormis. Tout au contraire, M. J. Garnier la représente comme un animal frugivore, se nourrissant de graines et même de noix de coco. L'honorable écrivain oublie de dire comment elle s'y prend pour déchirer l'enveloppe fibreuse et briser la coque de ces fruits. Je suis bien certain que jamais il n'a vu la roussette manger des noix de coco ni aucune autre graine, et je puis affirmer que lorsqu'il attribue à cet animal un régime alimentaire végétal, il commet une grande erreur.

La roussette, loin de manger des fruits ou des graines, fait une chasse active aux insectes de toute sorte qui les attaquent : sans quoi ses habitudes nocturnes ou crépusculaires n'auraient pas de raison d'être, et les dents aiguës dont sa gueule est armée seraient sans usage. En la détruisant, de même qu'en détruisant les oiseaux qui peuplent les campagnes et les forêts de la Calédonie, les Kanaks et les blancs préparent donc leur propre ruine : ils anéantissent leurs alliés naturels, les seuls qui puissent les défendre, eux et leurs récoltes, contre les agressions et les ravages des insectes.

Les insectes sont, en effet, le vrai fléau des contrées tropicales. Pour ne parler que de ceux qui s'en prennent directement à nous, je ne vous apprendrai pas grand'chose en vous disant qu'à la Nouvelle-Calédonie les moustiques rendent les nuits intolérables aux malheureux Européens. A moins de s'envelopper hermétiquement d'une moustiquaire, il est impossible de fermer l'œil, et le matin vous retrouve dans un état tellement pitoyable, qu'à peine vous reconnaissez-vous en vous regardant dans un miroir, et que votre seule pensée est de vous jeter à l'eau pour calmer les cuisantes douleurs dont vous êtes tourmenté. Ah! les moustiques! cela seul suffirait pour me dégoûter de ces admirables pays où règne un printemps éternel! Et les cancrelas, ces horribles bêtes

noires, puantes et grouillantes qui infectent les
habitations et les navires, et dont la voracité
n'épargne rien ni personne ! Et les sauterelles
encore, ou, pour être plus exact, les criquets
voyageurs, qui traversent les mers sur les ailes du
vent, s'abattent par myriades de myriades sur les
campagnes, dévastent en un clin d'œil des lieues
carrées de terrain, puis souvent succombent en
masse dans le pays qu'elles viennent de dépouil-
ler, et deviennent, par la décomposition rapide
de leurs innombrables cadavres, une cause d'in-
fection pestilentielle !

Il est vrai qu'on a la ressource de manger ces
insectes ; mais c'est un manger qui n'est pas du
goût de tout le monde. D'ailleurs, quelles que fussent l'adresse et l'activité des chasseurs, et quel
que fût l'appétit des mangeurs, on se flatterait
vainement d'exterminer leurs innombrables lé-
gions ; et, comme le dit avec raison M. de Rochas, il n'y a pas compensation. Heureusement les
invasions de criquets sont rares à la Nouvelle-
Calédonie, en sorte que les Kanaks n'ont pas souvent l'occasion de se régaler de ces insectes. Ils
s'en consolent en croquant une grosse araignée
du genre *épeire,* qui est surtout commune dans
l'île des Pins. Ils mangent aussi le gecko, sorte

de lézard très inoffensif, utile même, car lui aussi fait une grande consommation d'insectes, mais dont la laideur et l'aspect repoussant ne laissent rien à désirer. Enfin les Calédoniens mangeaient naguère le *trépang* ou *holothurie*, animal que son

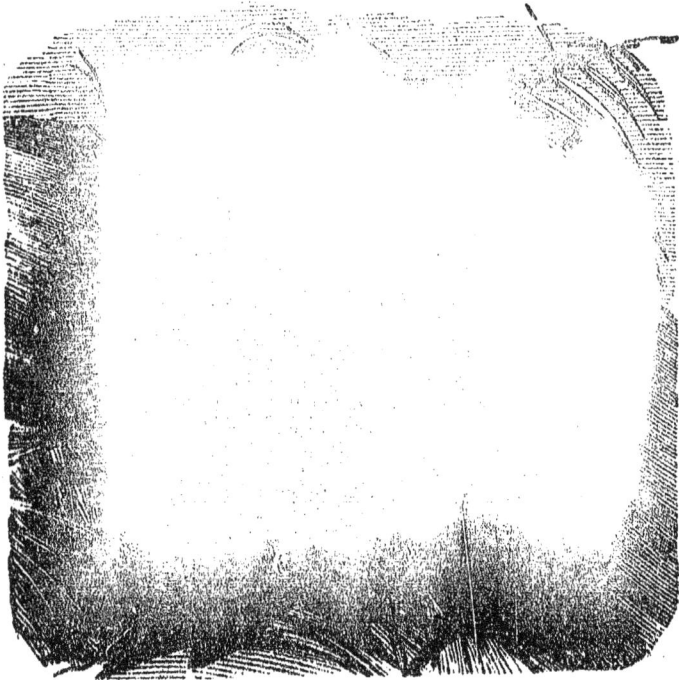

Le Gecko.

organisation et son genre de vie rapprochent des étoiles de mer et des oursins, et qui abonde sur les récifs de coraux qui environnent la Nouvelle-Calédonie. Ce rayonné existe à peu près dans toutes les mers. Notre littoral en possède quelques espèces qui vivent sur les rochers. Leur forme allongée les a fait désigner communément sous le nom de *concombres* de mer. Il s'en fait sur les côtes de la Méditerranée une assez grande consommation, mais seulement parmi la classe

L'Holothurie;

pauvre. Il en est tout autrement en Chine, en Cochinchine et dans la Malaisie. Là les holothuries (ou trépangs) sont recherchées par les gens les plus riches et les plus haut placés, non pas tant à cause de leur saveur agréable, qu'à raison des

propriétés particulièrement toniques et analepti-
ques qu'on leur attribue. Aussi sont-elles, dans
ces parages, l'objet d'une pêche très suivie et
d'un commerce très important; et comme, malgré cela, l'offre reste toujours au-dessous de la
demande, la spéculation fait rechercher cette singulière marchandise à de très grandes distances.
C'est ainsi qu'on est allé pêcher ou acheter des
holothuries jusque sur les côtes de la Nouvelle-
Calédonie, et que les Kanaks trouvent maintenant
plus avantageux de les vendre que de les manger.

Je passe sous silence, dans la faune calédonienne, bon nombre d'espèces indignes de notre
attention. Je ne mentionne même que pour mémoire un petit scorpion que l'on rencontre assez
souvent dans la campagne, dans les jardins et
même dans les maisons, mais qui n'a jamais tué
personne, et j'arrive enfin à l'animal le plus curieux assurément à étudier dans ce pays : l'homme,
ou, si vous aimez mieux, le Kanak.

VII

Les Kanaks néo-calédoniens appartiennent à la race nègre pélagienne ou mélanésienne, et probablement au rameau papou, qu'on retrouve à la Nouvelle-Guinée. La couleur de leur peau varie depuis l'ocre jaune jusqu'au noir fuligineux. Cette dernière nuance est la plus commune, et les fait ressembler assez bien à des hommes en chocolat. Leurs cheveux noirs, plutôt crépus que laineux, se tiennent droits sur leur tête et forment, lorsqu'ils sont longs, une coiffure volumineuse et caractéristique ; souvent ils les ramènent sur le sommet de la tête en une grosse touffe qu'ils enveloppent d'une pièce d'étoffe ou qu'ils enferment dans un cylindre de poil de roussette feutré. Imaginez un de nos chapeaux sans fond et sans bords, et vous aurez une idée exacte de cet ornement *capital*.

Quelques-uns se traitent les cheveux par la chaux, et leur communiquent ainsi une teinte rougeâtre. D'autres les coupent *à la malcontent*, et se coiffent d'une sorte de turban. La barbe des Néo-Calédoniens est épaisse, frisée et bien plantée. Ils la laissent pousser ou bien la rasent entièrement. Ils se servaient autrefois, pour cette opération, de cailloux tranchants : ce qui ne devait pas être commode. Depuis l'arrivée des Européens, ils se rasent avec des tessons de verre, à moins qu'ils ne puissent se procurer le luxe extraordinaire et tout à fait princier d'un rasoir anglais. Se raser mutuellement est, entre ennemis, le gage de la réconciliation. C'est aussi un témoignage de satisfaction entre amis qui se revoient après une longue séparation.

Les Néo-Calédoniens présentent le type *dolichocéphale prognathe*, qui est propre à la race nègre ; c'est-à-dire qu'ils ont le crâne allongé, aplati transversalement, et les mâchoires proéminentes, avec les incisives proclives. Le nez est large, épaté,

l'œil grand et noir, dirigé en avant, la bouche
grande, avec les lèvres épaisses et plus ou moins
renversées. Les dents sont blanches et bien ran-
gées, les pommettes et les arcades sourcilières
saillantes. Leur taille moyenne est égale à la
nôtre. Le torse est large, le système musculaire
développé; les membres sont bien proportionnés;
mais le ventre est généralement gros, ce qui
s'explique aisément par leurs continuels écarts de
régime, et par l'habitude qu'ils ont d'ingérer, après
de longs jeûnes, d'énormes quantités d'aliments.
Leurs pieds sont grands, et les orteils, longs,
écartés et mobiles, leur permettent de s'en servir
comme d'organes de préhension; ce qui leur
donne, dans certaines circonstances, une étrange
ressemblance d'allures avec les grands quadru-
manes.

Rien de plus curieux, par exemple, que de voir
ces sauvages grimper à un arbre. Ils n'enlacent
pas le tronc avec les bras et les jambes comme
nous faisons. Le procédé serait impraticable pour
des gens aussi peu vêtus : il leur faut éviter entre
l'écorce de l'arbre et leur peau des frottements
qui seraient par trop au désavantage de cette
dernière. Ils s'y prennent donc à la façon des
singes. Ils saisissent le tronc, d'une part avec

leurs mains, d'autre part avec leurs pieds, et grimpent en marchant.

Leur manière de nager diffère aussi de la nôtre. C'est sans doute la manière naturelle : car la natation est chez eux un art inné, instinctif, comme chez les animaux. Au lieu de nager à la façon des grenouilles, ils nagent à peu près de la même manière que le chien, et cela avec une singulière agilité.

Le sexe mâle a, chez les Néo-Calédoniens, une très grande supériorité physique sur le sexe féminin. Les hommes sont, au demeurant, d'une laideur très supportable. Mais les femmes! oh! les femmes! avec leurs petits cheveux hérissés et crépus, leur corps chétif, déjà flétri à l'âge où il devrait commencer à s'épanouir, leur peau sillonnée d'affreux tatouages, leurs oreilles déformées par l'inepte coutume de pratiquer dans le lobe charnu un trou qu'elles agrandissent indéfiniment en y introduisant des objets de plus en plus volumineux, jusqu'à ce que, quelque jour, en signe de deuil, lorsqu'elles perdent un parent ou un mari, elles achèvent de fendre ce morceau de chair dont les deux lambeaux leur pendent sur les épaules! Il faut dire que la misérable condition de ces pauvres créatures n'est pas faite pour les embellir. En Nouvelle-Calédonie, de même que dans tous les pays sauvages ou barbares,

La *femme* est une esclave et ne doit qu'obéir.

L'homme veut bien s'occuper à fabriquer des armes, des engins de pêche et de chasse; il travaille aussi à la construction et à l'arrangement de sa demeure; mais à la femme seule sont dévolus les travaux répugnants et pénibles. Ajoutez que, si la femme *n'est pas sage* ou que le mari soit brutal ou méchant, les châtiments ne sont pas épargnés à la malheureuse esclave, et il n'est pas très rare que celle-ci ait recours au suicide pour échapper à sa misérable destinée.

Il y a cependant de « bons ménages » en Nouvelle-Calédonie, et l'*amour*, qui apprivoise les lions et les tigres, peut aussi adoucir le caractère farouche de ces insulaires. J'ai dit que la polygamie était parmi eux un usage tout à fait licite. Cela ne signifie pas qu'un Kanak ait nécessairement plusieurs femmes. Au contraire, le nombre de ces dernières n'étant pas de beaucoup supérieur à celui des hommes, la monogamie est, en fait, le cas le plus ordinaire. Les femmes kanakes ont peu d'enfants, quelques-unes n'en ont pas du tout. La plupart n'en ont guère que deux ou trois.

Elles ont l'habitude de les allaiter jusqu'à l'âge de deux et trois ans, faute de pouvoir donner à ces petits êtres une nourriture appropriée à la délicatesse de leurs organes. Elles n'ont pas, en effet, comme nos nourrices, la ressource de la bouillie, de la panade et des potages. La cuisine calédonienne est des plus grossières. L'igname, la patate, le taro, certaines écorces mucilagineuses, des coquillages, des crustacés, parfois quelque pièce de gibier en font tous les frais, et les Néo-Calédoniens ne sont pas difficiles sur le chapitre de l'assaisonnement.

Leurs habitations sont de deux sortes : la *hutte*, ou maison, a la forme d'une grosse ruche ; elle n'offre qu'une seule ouverture, qui n'a jamais plus de quatre-vingts centimètres de hauteur sur quarante à cinquante de largeur. C'est par là que l'on entre et que l'on sort ; c'est par là aussi que s'échappe la fumée du feu de bois vert qu'on entretient tout le jour dans la case, afin d'éloigner les moustiques. Des pieux plantés circulairement et réunis par un lacis de branchages forment la charpente, qu'on revêt à l'intérieur et à l'extérieur d'écorces de niaouli, et que l'on recouvre avec les chaumes d'une graminée très abondante dans la campagne. Les huttes des simples particuliers n'ont guère que trois à quatre mètres de diamètre ; celles des chefs sont plus spacieuses. L'ameublement consiste en un lit d'herbes et de feuilles sèches, et en planches posées sur les saillies intérieures de la charpente et supportant les ustensiles de ménage, les armes et les provisions. La hutte est souvent entourée d'une palissade précédée d'un étroit couloir, de chaque côté duquel sont dressées des planches grossièrement façonnées et enluminées de manière à représenter des figures humaines grimaçantes ou des êtres fantastiques. La case ou hutte que je viens de décrire est la retraite nocturne, la chambre à coucher du ménage kanak. A côté s'élève d'ordinaire une sorte de hangar ouvert à tout vent et abrité seulement de la pluie et du soleil. C'est la salle à manger et le salon de réception. Quant à la cuisine, elle se fait en plein air.

Sans être des navigateurs de la force des insulaires de Tonga et des Samoa, les Calédoniens peuvent passer pour des *canotiers* assez habiles et pour d'adroits pêcheurs. Leurs embarcations sont

de longues pirogues creusées dans des troncs
d'arbres, et maintenues en équilibre par une sorte
de châssis formé de deux perches transversales et
parallèles, fixées en leur milieu à la pirogue
et reliées à chacune de leurs extrémités par une
planche longitudinale. Leurs grands navires sont
formés de deux pirogues longues de quatorze à
quinze mètres, et réunies ensemble par un plancher ou pont; au-dessus s'élève parfois une sorte
de baldaquin, sous lequel l'équipage peut se mettre à l'abri. Ces pirogues peuvent marcher soit
à la voile soit à l'aviron. Pour la marche à la
voile, elles sont munies d'un ou de deux mâts
supportant une voile triangulaire en natte de
jonc.

L'État politique des Néo-Calédoniens est moins
élémentaire qu'on ne serait tenté de le croire.
C'est une sorte de féodalité formée par la hiérar-
chie des chefs de la tribu. Le pouvoir du chef,
sans être limité par aucune institution parle-
mentaire, n'a pourtant pas le caractère absolu et
tyrannique qu'il affecte chez beaucoup d'autres
peuplades sauvages. Ainsi, aucune décision importante n'est prise qu'avec l'avis et exécutée
qu'avec le concours des « grands vassaux », dont
le pouvoir et la dignité sont héréditaires, inalié

nables et inamovibles, tout aussi bien que le pouvoir et la dignité de leur seigneur suzerain.

Chaque tribu forme un État distinct, indépendant; et comme les tribus sont fort nombreuses, que chez toutes l'esprit belliqueux est très vivace et l'esprit de vengeance plus encore, les guerres entre tribus sont très fréquentes, et l'état d'hostilité, une fois déclaré, se perpétue indéfiniment, celui des deux peuples qui vient d'être vaincu aspirant toujours à prendre sa revanche. Le fils veut tuer et manger celui qui a tué et mangé son père; le frère ou l'ami, celui qui a tué et mangé son frère et son ami. Des trophées de crânes et d'ossements sont le plus bel ornement de la case d'un chef, et dans les horribles festins qui toujours suivent les batailles, la volupté de la haine et de la vengeance assouvies s'ajoute au plaisir de savourer un mets auquel nul autre ne peut être comparé. Un repas copieux, et dans lequel figure la chair humaine, est, pour les Kanaks, la conclusion nécessaire de toute réjouissance. C'est par là que se termine presque toujours le *pilou-pilou*, la grande fête des récoltes.

Lorsqu'une tribu a fait sa récolte d'ignames,

ne croyez pas qu'elle songe à l'emmagasiner, à
la mettre en réserve ; elle ne songe qu'à la con-
sommer le plus vite et le plus gaiement possible.
Chacun apporte son écot en fruits, racines, poisson, gibier. Les repas alternent avec les danses,
accompagnées d'une musique enragée et de hur-
lements frénétiques, au milieu desquels le cri
pilou-pilou! revient par intervalles, en manière
de refrain. Bien que ces sauvages ne boivent que
de l'eau, ils arrivent, par l'excitation croissante
que produisent en eux ces exercices violents et
l'abondance inusitée de la nourriture, à une véritable ivresse, qui dégénère à la fin en un délire
furieux ; et il est rare que quelque meurtre ne
vienne pas couronner la fête, qui se termine alors
par un régal de chair humaine.

Tels que je les ai vus à Nouméa, à la Conception, et même dans des tribus plus éloignées con-
servant encore leur autonomie, les Kanaks n'ont
rien de bien effrayant. Ils commencent à s'ha-
biller, qui d'un pantalon ou d'une jupe, qui d'une
blouse ou d'une chemise ou d'un vieil habit. Dans
les missions, le costume — un vêtement des
plus simples, il est vrai, mais suffisant pour sau-
vegarder la convenance — est obligatoire. Ailleurs, ce n'est pas sans une certaine coquetterie

qu'hommes et femmes se parent d'un morceau
d'étoffe ou d'une pièce quelconque empruntée au
costume européen.

Les Kanaks actuels sont, en somme, de grands
enfants, agiles, vigoureux, adroits, aimant le
bruit plus encore que le mouvement, avides de
distractions, gais, insouciants, capricieux, gour-
mands et surtout bavards. Fumer et causer sont
leurs occupations favorites. Ils saisissent avec empressement toutes les occasions de « prononcer
quelques paroles bien senties », et l'on assure
que l'éloquence est chez eux un don naturel. Ils
sont essentiellement communicatifs ; ils aiment à
apprendre des nouvelles, et se montrent toujours
empressés d'en faire part à qui veut les entendre.
L'incident le plus insignifiant devient pour eux
un événement qu'ils ont hâte de raconter, en in-
sistant sur les moindres détails. Leur mode de
communication à distance mérite d'être décrit.
S'agit-il de publier parmi les tribus un événement survenu chez l'une d'elles : un Kanak monte
sur un point élevé et, se tournant vers le village
le plus voisin, il entonne à haute voix son récit
sous la forme d'une espèce de psalmodie qui
s'entend, si le vent est favorable, à une grande
distance. Grâce à la finesse de l'ouïe de ces in-

sulaires, les paroles sont recueillies dans le village auquel il s'adresse et répétées de la même manière par un autre crieur. Les nouvelles circulent, de cette façon, avec une très grande rapidité, sinon avec une parfaite exactitude. Un dernier trait à noter et qui est tout à fait à l'honneur des Kanaks : jamais il n'y a de querelle entre gens d'une même tribu. Rien, dans les mœurs européennes, ne les a plus scandalisés que de voir des matelots, des soldats ou des ouvriers blancs se disputer et en venir aux coups.

— Les blancs, disaient-ils, ne sont donc pas *tayos* (amis) entre eux?

Il nous fallait aller aux antipodes, chez des sauvages, — que dis-je? — chez des cannibales, pour recevoir cette leçon de fraternité!...

Je m'arrêtai sur cette réflexion philosophique. La soirée était fort avancée. La lassitude et la faim m'avaient ôté la voix, et mon patient auditeur n'était guère moins fatigué que moi.

— Ouf! soupirai-je, je n'en puis plus! Ne pensez-vous pas, maître, que nous pourrions, sans inconvénient, nous en tenir là, sauf à renvoyer le lecteur, pour plus de détails, aux deux volumes déjà cités de M. Jules Garnier, à celui de M. le docteur de Rochas, etc., etc.?

— Ma foi, répondit mon rédacteur en chef, il me semble qu'en effet nous pourrions envoyer notre manuscrit à l'imprimerie et aller souper.

Quelques minutes après, nous entrions dans un restaurant dont le maître, malgré l'heure indue, voulut bien, sur l'assurance que nous sortions du bal de l'Opéra, nous faire servir quelques aliments. Nous en étions au café et au cigare, lorsque mon compagnon, laissa tout à coup échapper cette exclamation :

— Ah ! sapristi

— Quoi donc ? qu'y a-t-il ? lui demandai-je.

— Vous ne m'avez rien dit des localités que l'Assemblée nationale avait assignée pour séjour aux transportés de la Commune, c'est-à-dire de la presqu'île Ducos, de l'île des Pins et de l'île Maré.

— C'est vrai, mais l'omission est facile à réparer.

— Vous les avez donc visitées?

— Je n'ai eu garde d'y manquer. Attendez que je consulte mes notes... Précisément, voici ce qu'il vous faut.

— Oh! quelques lignes seulement!

— Ce sera l'affaire d'un quart d'heure. Garçon! une plume, de l'encre, du papier! — Nous disons la presqu'île Ducos... ainsi appelée du nom d'un des ministres de la marine. — Cette presqu'île est une pointe de terre longue de 6 à 7 kilomètres, située entre la rade de Nouméa et la baie de Kutio-Kueta. Le sol y est couvert d'une herbe jaune et sèche; la verdure et les arbres y sont rares. On y avait établi un abattoir, qui était en même temps une sorte de lazaret pour les bestiaux importés de Sydney et de Norfolk et suspects de maladie contagieuse. C'est un endroit qui manque essentiellement de charmes. Il en est autrement de l'île des Pins, située, vous vous le rappelez, à quelques milles de la pointe méridionale de la Grande-Terre, à laquelle la relie un chapelet de récifs corallins. L'île des Pins est un petit paradis : riche végétation, climat admirable, où les cyclones, les orages et les moustiques ne sont connus que de réputation. Cette île est déjà très peuplée. Ses habitants sont paisibles, laborieux, et fournissent à Nouméa presque tous ses approvisionnements en légumes, fruits et poissons.

Quant à l'île Maré, c'est, vous le savez, la plus méridionale des Loyalty. Elle a 30 kilomètres de long et 29 dans sa plus grande largeur. Je m'étonne qu'on ne lui ait pas préféré l'île Lifou, qui est beaucoup plus grande ; sa superficie (250.000 hectares) égale à peu près celle de la Réunion ; le sol est d'une admirable fertilité. La population y est peu nombreuse.

Cet *ajouté* vous suffit-il, cher directeur ?

— Parfaitement.

— En ce cas, j'ai lieu d'espérer que mes lecteurs aussi voudront bien s'en contenter.

FIN DU VOYAGE A LA NOUVELLE-CALÉDONIE

BÊTES CRIMINELLES

AU MOYEN AGE

La superstition fut un des fléaux du moyen âge.
Ce que les anciennes religions de la Grèce, de
Rome et des nations barbares avaient de plus mauvais, ce qui même n'était point de leur essence et
que répudiaient non seulement les philosophes,
mais tous les hommes sensés de l'antiquité, sur-
vécut à la ruine du polythéisme officiel. Il se
forma, par le mélange des anciennes croyances
avec les dogmes du christianisme, une sorte de
religion hybride, dont les progrès furent singuliè-
rement favorisés par l'absence de toute philoso-
phie, de toute science digne de ce nom, de tout
critérium permettant de distinguer le vrai du faux,
le possible de l'impossible, et aussi par les misè-

res infinies de cette sombre époque, où chacun s'évertuait à trouver dans un monde chimérique quelque compensation aux angoisses et aux tristesses poignantes de la vie réelle. La crédulité prit alors les proportions d'une maladie endémique, à laquelle n'échappèrent pas même les esprits supérieurs et relativement éclairés. Il n'y eut pas de supercherie insensée qui ne réussît à séduire les uns, à effrayer les autres. La faculté attribuée à l'homme d'entrer en commerce avec les esprits infernaux, de s'allier avec eux contre Dieu et d'accomplir avec leur aide des prodiges surnaturels fut universellement admise, et l'on vit, jusqu'à une époque très voisine de la nôtre, de malheureux fous envoyés au bûcher par des juges tout aussi fous et tout aussi coupables qu'eux, puisque, comme eux, ils croyaient à la réalité de leurs sortilèges.

La zoolâtrie même vint s'ajouter à tant d'autres superstitions insensées, et l'on n'en doit pas être surpris, puisque la prétendue science des alchimistes, des astrologues et des magiciens se parait du nom de *science hermétique,* et faisait remonter son origine jusqu'au divin Thoth, à l'Hermès trois fois grand de la vieille religion égyptienne.

Les animaux avaient d'abord, comme dans l'ancienne Égypte, leur signification symbolique; ce qui faisait que les uns étaient réputés immondes et méprisables, tandis que les autres méritaient de la considération et du respect. Dans un vieux traité de chasse, imprimé pour la première fois à Chambéry en 1486, et intitulé *Livre du roi Modus et de la reine Ratio*, la reine Ratio explique que les bêtes doivent être divisées en *doulces* et *puantes*, c'est-à-dire pures et immondes. Au premier rang de celles-ci elle place le sanglier, lequel possède, selon elle, dix propriétés qui représentent les dix commandements de l'Antechrist. La truie met au monde sept petits, correspondant aux sept péchés capitaux; c'est pourquoi le porc symbolise le vice. Le loup, toujours d'après la reine Ratio, est l'image du mauvais pasteur, parce qu'il s'introduit traîtreusement dans le bercail pour manger les brebis. Le renard est naturellement l'emblème de la ruse et de la perfidie; et Ratio estime que « nous sommes tous un peu de la confrérie de Saint-Fausset, et que c'est dans le monde l'influence du renard qui est la mieux assise et la plus répandue ». Le prince des *bestes doulces* est le cerf. Les dix jets de son bois représentent les dix doigts du prêtre, lesquels symbolisent les dix commandements de Dieu.

On peut, à la vérité, considérer ces idées de
la reine Ratio comme un simple jeu d'esprit.
Mais pour les sorciers, pour les magiciens et
pour le vulgaire qui croyait à leur science et à
leur pouvoir, les bêtes jouaient dans le monde
surnaturel un rôle bien autrement actif et sérieux. Ils n'étaient plus dieux, à la vérité, mais
ils pouvaient être diables; c'est-à-dire que les
esprits malins, qui eux-mêmes n'étaient pour la
plupart que d'anciens dieux païens réduits à la
condition de démons, revêtaient souvent, pour
tromper, corrompre ou effrayer les mortels, la
forme de divers animaux, ou prenaient *possession*
de leur corps. C'est ainsi que des diables, sous
forme de boucs ou de béliers, transportent les
sorciers aux assemblées du sabbat, où un bouc
gigantesque, qui n'est autre que Satan lui-même,
reçoit les hommages de ceux qui lui ont vendu
leur âme.

Le serpent Python (renouvelé des Grecs) est
devenu, dans cette singulière démonologie, le
chef des esprits de mensonge qui inspirent les
faux prophètes. Souvent les animaux nuisibles
sont considérés comme les instruments directs
du démon; et ce rôle est particulièrement attribué au serpent, que l'on se flatte de réduire à

l'impuissance par cette formule d'exorcisme :
« Au nom de Celui qui t'a créé, je t'adjure de
rester immobile. Si tu refuses d'obéir, je te mau-
dis de la malédiction dont le Seigneur t'a mau-
dit. » Il est étrange de voir ces croyances trouver un apologiste dans un écrivain contemporain
fort érudit, M. Léon Menabréa, auteur d'un très
curieux travail sur les procès faits aux animaux,
publié en 1846 dans le tome XII des *Mémoires
de la Société académique de Savoie* : « L'affection
des esprits malins pour les formes d'animaux
était *jadis une chose tellement connue*, dit M. Menabréa, qu'il ne faut en aucune façon s'étonner
qu'une croyance *vraie au fond* et parfaitement
orthodoxe, se mêlant aux rêves de la philoso-
phie hermétique, ait donné lieu à des *abus* et
contribué à propager l'usage des pratiques su-
perstitieuses... On ne doutait pas qu'aux yeux
des possédés les démons ne prissent des figures
de bêtes sauvages ou de reptiles tortueux, lorsque les exorcismes les forçaient à sortir du corps
de ces infortunés. Enfin l'affection particulière
du diable pour les formes de bouc et de chat *est
encore de nos jours un fait si notoire,* que je me
dispense d'en parler. »

On ne doutait pas non plus que les sorciers,

les sorcières, et en général tous ceux qui s'étaient
placés sous la puissance de Satan, ne pussent, eux
aussi, se transformer en bêtes, et particulièrement
en loups, et l'on sait que cette croyance, très ancienne, puisqu'elle remonte à la légende biblique
de Nabuchodonosor et à la fable païenne de Ly-
caon, s'est conservée dans nos campagnes, où les
histoires de *loups-garous* sont encore prises au
sérieux par beaucoup de gens. La lycanthropie,
du reste, comme presque toutes les autres superstitions démoniaques, était à la fois une erreur
chez les uns et une forme d'aliénation mentale
chez les autres; car, de même que la plupart des
sorciers croyaient réellement aller au sabbat et
s'y livrer à d'horribles orgies, de même que les
démonomanes se croyaient réellement possédés
du diable, de même aussi bon nombre d'individus
étaient convaincus qu'à certains moments ils se
transformaient en loups, soit par un acte de leur
propre volonté, soit sous l'influence du pouvoir
infernal auquel ils étaient soumis. C'est ainsi
qu'au seizième siècle un nommé Gilles Garnier
fut condamné au dernier supplice par le parle-
ment de Dôle pour avoir, « en forme de loup-
garou, dévoré plusieurs enfants et commis d'autres crimes encore », *et cela de son propre aveu.*
La science des sorciers enseignait d'ailleurs di-

vers procédés pour se métamorphoser en bête. Par exemple, une femme n'avait, pour se changer en chatte, qu'à manger de la cervelle de cet animal préparée d'une certaine façon, et à se frotter l'échine avec un petit morceau de chair enlevée à la région ombilicale d'un enfant nouveau-né.

Ceci me conduit à parler des vertus et propriétés étranges et merveilleuses que l'on attribuait soit aux animaux eux-mêmes, soit à diverses parties de leur corps, et qui fournissaient à l'art des médicastres et des *conjureurs* tout un arsenal de prescriptions, non seulement pour prévenir ou guérir les maladies, mais pour se préserver de toutes sortes de maux, et quelquefois aussi pour les faire naître. Écoutons encore, sur ce sujet, M. Menabréa ; il ne plaisante pas : « C'est, nous dit-il d'abord gravement, une vérité bien constante que tout ici-bas incline vers son semblable et s'efforce d'assimiler à soi ce qui lui est étranger. La terre convertit en terre les dépouilles qu'on lui confie, etc. » Et il expose, comme conséquence de cette théorie, les préceptes d'hygiène et de thérapeutique les plus étranges. « Dans le régime alimentaire, *personne n'ignore* que le cerveau aide au cerveau, le pou-

mon aux poumons, le foie au foie, et que le bouil-
lon de vipère, tout pétillant qu'il est de la quin-
tessence de ce reptile vivace, prolonge et raffermit
l'existence... Le cœur de coq rend courageux;
celui du chien rend vigilant; celui de la grenouille rend loquace. Des yeux d'écrevisse mis en
sachet et pendus au cou guérissent de l'ophthal-
mie. Des pieds de tortue appliqués sur un membre
atteint de la goutte le délivrent de ce mal cruel...
On dit que la tête d'une chauve-souris enlève
le sommeil à quiconque la porte attachée au
bras. »

Remarquons que notre auteur parle au présent, qu'il emploie fréquemment les locutions
« on sait, personne n'ignore », et autres semblables; ce qui montre que les croyances dont il
parle lui semblent avoir conservé la valeur qu'on
leur attribuait autrefois. Mais nous allons en apprendre bien d'autres. D'après les doctrines dont
M. Menabréa se fait l'interprète, « les choses ont
des sympathies et des antipathies merveilleuses.
Chacun sait que le merle aime la grue; que la
corneille aime le héron; que le paon aime la co-
lombe... Au chant du coq le lion tressaille. »
Les coqs vivent donc à côté des lions? « En
apercevant des poules la panthère reste frappée

de stupeur. » On aurait cru plutôt le contraire.
« La vipère met le cerf en fuite. » Cela, c'est
bien possible. « La sauterelle ne peut vivre dans
le voisinage du polype. » Je le crois sans peine.
« La souris a horreur de ce que la belette a tou-
ché, » etc., etc.

Passons à un autre ordre de faits. « Très souvent, continue notre candide auteur, les vertus
occultes ne résident que dans une partie de la
chose. Ainsi le cœur seul de la chouette disperse
les fourmis ; le fiel seul du lézard attire les foui-
nes ; le foie seul de la chèvre écarte les teignes
et les charançons ; la rate seule du renard pré-
serve les oiseaux de basse-cour des atteintes de
ce quadrupède. Parmi les vertus occultes, on en
trouve plusieurs qui ne se manifestent qu'autant
que l'objet qui les renferme a été recueilli sur
un animal vivant : c'est ce qu'on raconte des
yeux de grenouille pour guérir la goutte se-
reine, des queues de belette pour empêcher
d'aboyer... »

Enfin pourtant la crédulité de M. Menabréa semble chanceler ; il éprouve le besoin de faire ses
réserves et de dégager sa responsabilité. « *On*

pensait jadis, dit-il, pouvoir garantir une étendue de terre plus ou moins considérable des attaques des loups en prenant un de ces mammifères et en faisant avec son sang une trace autour du fonds que l'on voulait préserver; après quoi il fallait enterrer la bête à l'endroit même d'où l'opérateur était parti. Dans d'autres circonstances on se servait d'un coq blanc, d'une poule noire, d'une oie grise, etc., et l'on croyait ainsi se délivrer des chenilles, des sauterelles, des hannetons, etc. »

Il va sans dire que les sorciers qui avaient acheté de Satan le pouvoir de donner des maladies aux gens ou de les faire périr, ou d'attirer sur eux toutes sortes de calamités, exerçaient également ce pouvoir sur les animaux. En 1685, le sénat de Savoie condamna plusieurs individus comme coupables d'avoir *ensorcelé* des bœufs, des vaches, des brebis, des juments, des cochons. Un certain Claude Moret, qui était au nombre des inculpés, avoua qu'il allait au sabbat; un autre, Claude Garot, qu'il était loup-garou; un autre s'accusa d'avoir « donné le baptême et l'eucharistie à des crapauds ».

On avait heureusement la ressource d'opposer

aux influences malignes des démons et des sorciers l'intervention bienfaisante des saints.

Un théologien du quinzième siècle, Félix Hem-
merlein, connu sous le nom de Malléolus, rapporte que de son temps beaucoup de gens de
la campagne vouaient leurs cochons à saint An-
toine et s'en trouvaient bien : ces cochons étaient
« plus intelligents, plus sagaces que les autres »,
et mal en prenait aux méchants qui se permet-
taient de les injurier ou de les maltraiter.

Saint Blaise était, disait-on, le patron des cerfs,
daims et chevreuils, et ces animaux se pressaient
en foule sur son passage pour solliciter sa béné-
diction, qui était pour eux un sûr préservatif contre les attaques des bêtes carnassières.

Les vieux auteurs rapportent plusieurs exemples du pouvoir miraculeux que les saints avaient
le don d'exercer sur les animaux, et particulièrement sur les animaux nuisibles. J'en citerai quelques-uns.

Saint Jacques l'Assyrien, évêque de la Taren-
taise, était en train de faire bâtir le château qui
porte son nom. Deux bœufs traînaient un chariot

chargé de matériaux de construction. Survient un ours qui étrangle un des bœufs. Alors le saint ordonne à l'ours de prendre la place de l'animal qu'il vient de tuer, et l'ours obéit.

L'ours et les bœufs.

Saint Grat, évêque d'Aoste, sous Charlemagne, obtint du ciel la faveur de faire disparaître les taupes de la vallée d'Aoste et des pays environnants à trois milles à la ronde.

Saint Bernard étant à Frogny, une des pre-

mières abbayes fondées par lui dans le diocèse
de Laon, se disposait à monter en chaire, lorsqu'une incroyable multitude de mouches envahit
l'église avec un bourdonnement assourdissant,
comme pour imposer silence au prédicateur et
chasser les fidèles. Mais le saint, sans se trou-
bler, dit seulement : « Je les excommunie. » Et
aussitôt les mouches de tomber à terre, si bien
qu'il fallut les enlever avec des pelles, et que
l'expression « tomber comme les mouches de
Frogny» resta longtemps proverbiale dans le pays.

Saint Hugues, évêque de Grenoble au onzième
siècle, étant à Aix-les-Bains, les habitants vinrent
se plaindre à lui des serpents qui infestaient la
localité. Saint Hugues excommunia ces reptiles,
qui ne périrent pas, mais cessèrent d'être venimeux.

De tels faits, au moyen âge, n'étaient même
pas considérés comme miraculeux. On était per-
suadé que les bêtes, lorsqu'elles commettaient
des dégâts, lorsqu'elles causaient à l'homme un
dommage quelconque ou s'associaient à des actes
criminels accomplis par des personnes, savaient
ce qu'elles faisaient; qu'il y avait lieu, en conséquence, soit de les mettre en demeure de cesser

leurs méfaits, soit de les châtier conformément aux lois ou édits en vigueur. De là les procès fort nombreux intentés aux animaux depuis le onzième jusqu'au dix-huitième siècle, et qui peuvent se classer en deux sortes : procès civils et procès criminels. Les premiers étaient de beaucoup les plus fréquents et offrent avec les seconds un contraste frappant. Les uns et les autres sont, sans contredit, également absurdes; mais tandis que les procès criminels nous montrent la justice d'autrefois sous un aspect à la fois odieux et grotesque, les procès civils témoignent, au contraire, d'une douceur de mœurs singulière, d'un sentiment profond d'équité à l'égard de tous les êtres vivants, de toutes les « créatures de Dieu ».

On croit voir en action les fables de la Fontaine. Les bêtes ne parlent point, mais les hommes leur parlent avec la conviction qu'elles entendent raison. Au lieu de les chasser, de les détruire avec brutalité, ils leur laissent tout le bénéfice des garanties que la justice assure aux inculpés. Avant même d'instrumenter contre elles, ils leur offrent de s'arranger, de s'entendre à l'amiable; et lorsqu'ils les condamnent, ce n'est pas sans compensation, car ils le reconnaissent, « il faut que tout le monde vive ».

On possède le compte rendu exact, détaillé, de plusieurs de ces procédures dirigées contre des charançons, des cantharides, des chenilles, des mulots, des taupes ; toutes les formalités y sont très scrupuleusement observées. On a le texte même des plaidoiries pour et contre ; car les intimés avaient leur procureur aussi bien que la partie plaignante, et l'on faisait de son mieux de part et d'autre. Un jurisconsulte des quinzième et seizième siècles, Barthélemi Chassanée, dut, selon de Thou, le commencement de sa réputation à un procès où il avait plaidé pour des rats. On a enfin la teneur des arrêts, qui prononcent en général l'expulsion des délinquants et, au cas où ils refusaient d'obéir, l'excommunication. Ce n'était donc pas d'emblée qu'on en venait à cette grande extrémité « d'excommunier les insectes des champs ». On leur adressait au préalable une admonition telle que celle-ci : « Tu es une créature de Dieu : je te respecte. La terre t'a été donnée comme à moi : je dois vouloir que tu vives. Cependant tu me nuis, tu empiètes sur mon héritage, tu détruis ma vigne, tu dévores ma moisson, tu me prives du fruit de mes travaux. Peut-être ai-je mérité ce qui m'arrive, car je ne suis qu'un malheureux pécheur. Quoi qu'il en soit, le droit du fort est un droit unique : je te montrerai tes torts, j'implore-

rai la divine miséricorde, je t'indiquerai un lieu
où tu puisses subsister ; il faudra bien alors que
tu t'en ailles, et si tu persistes, je te maudirai. »

Certes on n'a plus envie de se moquer, lors-

Le procès des rats.

qu'on voit d'aussi nobles sentiments exprimés avec
une simplicité si touchante, et l'on doit convenir
qu'en parlant ainsi aux bêtes dans la candeur de
leur âme, nos pères approchaient beaucoup plus
du sublime que du ridicule.

Malléolus raconte qu'aux environs de Coire, dans l'électorat de Mayence, il y eut une irruption de vers blancs (larves de hannetons). « Les habitants, dit-il, firent citer ces insectes devant le tribunal. » Naturellement les vers blancs ne répondirent point à la citation. Le tribunal, passant outre, leur constitua un avocat et un procureur, puis on procéda contre eux avec toutes les formalités requises. Finalement, le juge, « considérant que ces vers étaient des créatures du bon Dieu, qu'ils avaient le droit de vivre, qu'il serait injuste de les priver de la subsistance, les relégua en une région forestière et sauvage, afin qu'ils n'eussent plus désormais prétexte pour dévaster les fonds cultifs ; et ainsi fut fait. »

Le même auteur parle d'un procès semblable intenté aussi par les habitants de Coire aux cantharides. Le juge s'empressa tout d'abord de nommer à ces coléoptères, *attendu leur petitesse et leur éloignement de l'âge de majorité,* un curateur et orateur qui les défendit très dignement, et obtint qu'en les chassant du pays on leur désignerait un territoire où ils pussent se retirer. « Et aujourd'hui encore, ajoute Malléolus, les habitants passent chaque année un bon contrat avec les cantharides susdites, et abandonnent à ces insectes une certaine étendue de terrain ; si bien que les scarabées s'en contentent et ne cherchent point à sortir des limites convenues. »

Chorier, historien exact, qui puisait aux sources officielles, parle d'un procès qui eut lieu en 1585, et où les chenilles, assignées devant le grand vicaire du diocèse de Valence, furent, les parties entendues, sommées d'avoir à vider le diocèse.

En 1690, les chenilles furent jugées de même dans un canton de l'Auvergne, et il leur fut enjoint de se retirer sur un terrain qu'on leur assigna. Ce correctif à la condamnation se trouve dans tous les procès du même genre, et la plupart des auteurs qui les rapportent donnent à entendre, s'ils ne le disent explicitement, que les animaux condamnés obéissaient à l'injonction, ou que, par l'effet de l'excommunication, ils disparaissaient sans qu'on pût savoir ce qu'ils étaient devenus. Quelquefois même le fait miraculeux est affirmé catégoriquement.

Ainsi Chassanée, ou Malléolus (je ne sais lequel des deux), rapporte qu'au seizième siècle une portion du littoral espagnol était infectée par des rats. On assigna ces rongeurs devant l'autorité ecclésiastique, et le procès suivit sa marche accoutumée. Lorsqu'il s'agit de prononcer la sentence, l'évêque saisi du litige se rendit, accompagné de son clergé, au sommet du promontoire, et là enjoignit aux rats de s'en aller. Les rats accoururent de toutes parts, se mirent bravement à la nage et traversèrent le bras de mer qui séparait la côte d'une petite île déserte, où ils restèrent dès lors confinés.

Seuls les serpents, bêtes maudites, n'obtenaient point de pitié. On ne se croyait pas obligé envers eux aux mêmes ménagements qu'envers les autres animaux nuisibles ou incommodes, et l'exil équivalait pour eux à la proscription. Je trouve à ce sujet, dans le travail de M. L. Menabréa, une légende dont le héros est saint Eldrad, apôtre de la Novalaise.

« Il y avait une fois », dans la vallée de Briançon, un prieuré novalais où les serpents s'étaient prodigieusement multipliés. Les moines, ne parvenant point à les détruire, furent du moins assez heureux pour trouver un saint à qui se vouer. Ce fut saint Eldrad, dont la réputation de *prud'homie* s'étendait au loin. Ce vénérable per-

sonnage arrive d'aventure chez 'es religieux, qui
lui exposent leur cas. « Ne vous inquiétez pas.
leur dit-il, mes bons pères, je me charge de ' s
serpents. »

Saint Eldrad et les serpents.

Il se met en oraison, puis somme les reptiles
de comparaître devant lui. En un clin d'œil il est
entouré d'une multitude de vipères qui viennent
ramper à ses pieds.

Loin de s'en effrayer, le saint homme prend

son bâton et se met en marche, docilement suivi
par cet étrange troupeau. Il arrive ainsi en un
lieu désert, et ordonne aux serpents d'entrer dans
une profonde caverne qui se trouvait là. Les serpents obéissent encore et disparaissent pour jamais.

J'arrive aux procès criminels.

Les animaux qu'on voit figurer dans ces procès sont principalement des porcs, des boucs, des
chèvres, des mulets, des chevaux, des chats, des
chiens, des coqs. Ils sont appréhendés au corps
et mis en prison ; ils comparaissent devant le tribunal ; on les interroge. Comme ils ne répondent
pas, — au moins d'une façon intelligible, — on
leur applique la question, et les cris que la tor-
ture leur arrache sont reçus comme des aveux.
Le procès se termine donc nécessairement par
une sentence de mort, et l'exécution a lieu au
sortir de l'audience, après lecture donnée au
coupable de l'arrêt qui le condamne. La pauvre
bête est souvent victime de la fatalité qui a voulu
qu'elle appartînt à un individu voué lui-même au
gibet ou au bûcher : juif, bohémien, démono-
mane ; ou qu'on lui fît jouer un rôle dans les cé-
rémonies magiques, dans les enchantements, dans
les sortilèges. L'épisode introduit par M. V. Hugo

dans sa *Notre-Dame de Paris*, la chèvre Djali jugée et condamnée avec sa maîtresse la Esméralda, est de tout point conforme à la réalité historique. De tels faits sont loin d'être rares dans les annales judiciaires du moyen âge.

Cependant on trouve aussi des animaux envoyés au supplice pour des méfaits qui leur sont propres, pour avoir tué ou blessé des personnes. L'espèce porcine est celle qui fournit le plus fort contingent à cette catégorie de criminels. Les cochons ont, à ce qu'il paraît, toujours eu du goût pour la chair humaine, et en particulier pour celle des petits enfants. L'éminent jurisconsulte Berriat Saint-Prix a relevé à peu près tous les procès de ce genre qui ont eu lieu depuis le douzième jusqu'au dix-huitième siècle inclusivement, et il donne le texte de plusieurs des sentences prononcées, avec le compte des frais de la procédure et de l'exécution. Voici quelques exemples empruntés à son savant et curieux mémoire :

En 1268, par arrêt des officiers de justice du monastère de Sainte-Geneviève de Paris, « porcel ars », c'est-à-dire petit cochon brûlé pour avoir mangé un enfant.

En 1386, truie condamnée par le juge de Fa-

laise à être mutilée à la jambe et à la tête, puis
pendue, pour avoir déchiré au bras et au visage,
puis tué un enfant. C'est, on le voit, la peine du
talion. La truie fut exécutée *en habits d'homme*
sur la place de la ville. L'exécution coûta dix sols.

Le supplice de la truie.

six deniers, plus un gant neuf donné à l'exécu-
teur.

En 1474, un coq est condamné par le magistrat
de Bâle, en Suisse, à être brûlé *pour avoir pondu
un œuf*; l'œuf fut brûlé aussi. Il va sans dire que

l'œuf était d'une poule, et que le pauvre coq était bien innocent du crime qu'on lui imputait[1].

En 1499, le bailliage de l'abbaye de Beaupré, de l'ordre des Cîteaux, près Beauvais, condamna à être pendu jusqu'à ce que mort s'ensuivît un taureau coupable d'avoir « par furiosité occis un joine fils de quatorze à quinze ans » dans la seigneurie de Cauroy, dépendante de cette abbaye. Voici le texte même d'un arrêt prononcé dans la même année par le bailli de l'abbaye de Josaphat, commune de Sèves, près Chartres, contre un cochon, et duquel lecture fut donnée à haute voix au condamné :

« Vu le procès criminel fait devant nous à la requeste du procureur des religieux, abbé et couvent de Josaphat, près Chartres, au sujet de la mort d'un enfant du nommé Gilon, âgé d'un an et demi à peu près, qui a été mis à mort par un porc âgé de trois mois ; vu l'instruction faite par le procureur fiscal de cette juridiction ; tout vu

---

1. On croit encore, dans les campagnes, aux coqs qui pondent, et quelques savants naïfs ont bien voulu se mettre en peine de chercher à ce phénomène une explication plausible. L'explication est bien simple. Les prétendus œufs de coq sont des œufs *manqués*, c'est-à-dire avortés ; mais ils sont pondus par la femelle, ainsi que tous les œufs du monde.

et entendu; en ce qui regarde ledit porc, et pour les motifs résultant du procès, nous l'avons condamné et condamnons à être pendu à l'issue de l'audience, dans l'étendue de la juridiction des sieurs demandeurs.

« Donné sous le scel de nostre bailliage, le dix⁻neuvième jour d'avril de l'an de grâce mil quatre cent nonante neuf.

Signé : « BRISC. »

En 1565, un homme est envoyé au bûcher, en compagnie d'un mulet. Ce mulet était vicieux et rétif, dit Ranchin : *Mulus erat vitiosus et calcitrosus.* C'était peut-être un motif pour l'abattre, et il semble que c'eût été l'affaire de son maître. Mais le vrai coupable, c'était le maître lui-même. Coupable de quoi ? Sans doute de quelque crime de sacrilège ou de sorcellerie : c'est pour cela qu'au bon vieux temps on brûlait bêtes et gens. Le pauvre mulet eut les pieds coupés avant d'être livré aux flammes.

Nous voilà bien loin des anathèmes inoffensifs contre les hannetons et les charançons, et des douces exhortations de ce bon saint qui appelait des poissons « mes frères » !

FIN DES BÊTES CRIMINELLES

TABLE

Voyage à la Nouvelle-Calédonie 1

Les Bêtes criminelles au moyen âge 161

Châteauroux. — Typ. et Stéréotyp. A. MAJESTÉ.

www.ingramcontent.com/pod-product-compliance
Lightning Source LLC
Chambersburg PA
CBHW060601210326
41519CB00014B/3541